建筑入门课

Basics Design Methods

设计的方法

卡里·乔马卡（Kari Jormakka）

[德] 奥利弗·舒勒（Oliver Schürer）　　著

多特·库尔曼（Dörte Kuhlmann）

任中龙　译

机械工业出版社

CHINA MACHINE PRESS

本书以建筑学科中最基本的思想理念为线索，结合一系列享誉建筑史册的著名案例，通过对平面与剖面的深入分析，详尽阐释了建筑师进行方案创作的方法与过程。

作者旨在为读者呈现一系列方法，鼓励他们对建筑设计中的概念构想与过程操作进行更为详尽深入的审视。这些方法来源于多个领域，如几何、自然、音乐、数学、偶然、理性，以及生成性的逻辑推导等。

本书可用作建筑设计及相关设计专业在读学生的教学辅导用书，也可用作建筑设计行业从业人员的工作参考书。

Kari Jormakka: Basics Design Methods, 2017

本书中文简体字版由Birkhäuser Verlag GmbH，授权机械工业出版社在世界范围内独家出版发行。未经出版者书面许可，不得以任何方式抄袭、复制或节录本书中的任何部分。

北京市版权局著作权合同登记 图字：01-2022-6760号。

图书在版编目（CIP）数据

设计的方法 /（德）卡里·乔马卡，（德）奥利弗·舒勒，（德）多特·库尔曼著；任中龙译.—北京：机械工业出版社，2023.12
（建筑入门课）
书名原文：Basics Design Methods
ISBN 978-7-111-74331-6

Ⅰ.①设…　Ⅱ.①卡…②奥…③多…④任…　Ⅲ.①建筑设计　Ⅳ.①TU2

中国国家版本馆CIP数据核字（2023）第225863号

机械工业出版社（北京市百万庄大街22号　邮政编码100037）
策划编辑：时　颂　　　　　　　　　　责任编辑：时　颂
责任校对：王乐廷　牟丽英　韩雪清　　封面设计：鞠　杨
责任印制：常天培
北京机工印刷厂有限公司印刷
2024年3月第1版第1次印刷
148mm×210mm·2.625印张·79千字
标准书号：ISBN 978-7-111-74331-6
定价：29.00元

电话服务　　　　　　　　　　网络服务
客服电话：010-88361066　　机　工　官　网：www.cmpbook.com
　　　　　010-88379833　　机　工　官　博：weibo.com/cmp1952
　　　　　010-68326294　　金　书　网：www.golden-book.com
封底无防伪标均为盗版　　机工教育服务网：www.cmpedu.com

设计是一种内涵驳杂的过程——其路线、策略与方法通常会受到设计者自身经验、社会文化背景，乃至技术经济条件的影响。设计，一方面依赖于个体的创造力，另一方面也深植于其方法论原则之中，并由此反映出一系列基本的态度与过程。

本书基于设计中的基本理念（Basics Design Ideas），面向设计过程中的灵感与初始刺激，详细阐述了受规则调控而非直觉驱使的设计方法。作者的目标在于为读者提供一系列方法，并鼓励他们在更详尽的细节层面上重新审视自己素来熟知的概念与建筑师。本书所记述的这些方法，源于几何体系与自然环境、源于音乐与数学、源于无意识的与理性的源泉，也源于生成性的推演过程。本书采用著名的建筑案例来为这些方法进行解释：通过平面与剖面的分析来展现建筑师如何进行具体方案的创作。本书中的教学概念很大程度上依赖于建筑史中的典例，这使得本书与"建筑入门课"系列（Basics Books）中的其余刊册有所差异——它舍弃了丛书的典型文风，以利于全文中共同主线的梳理。

与建筑学研究的结构相适应，本书主要面向希望更多地了解设计方法的高年级建筑学子与毕业生。本书无意于鼓吹任何单一的设计方法，而旨在提供一系列实用的设计工具，以根据特定的需要来应对设计任务。

伯特·比勒费尔德（Bert Bielefeld），编辑

Contents

目录

Introduction
绪论

　　大多数诗人都会假装他们的创作源自奔涌的直觉，而若想到被公众一窥其幕后操作，哪怕是一个这样的念头也会令他们恐惧不已——至少美国诗人埃德加·爱伦·坡（Edgar Allan Poe）在他1846年撰写的《诗作的哲学》（*The Philosophy of Composition*）中宣称如此。爱伦·坡自己则克服了这种将创作神秘化的倾向，直率地袒露了其代表作《乌鸦》（*The Raven*）的创作方式。他通过详尽的阐述来证明在这首黑暗浪漫主义诗歌中不存在任何偶然性或直觉性的因素，这部作品是在数学证明般精准而严格的推演中被一步步建构而成的。

　　爱伦·坡的创作方法成为后世诸多作家、作曲家、艺术家，乃至建筑师的灵感源泉。于是问题便产生了，在建筑设计中遵循特定方法的意义何在呢？一些建筑师声称我们需要方法的原因在于当今的问题过于复杂，仅凭直觉与传统智慧已经无法解决。一些建筑师期望借助于恰当的方法来实现客观正确的设计决策。还有一些建筑师则建议通过严格的方法来控制设计过程，以防止建筑陷入建筑师任性的自我表达，从而沦为一种个人化的语言或是一种对于过往经验的轻率复制。一些前卫的方法通过借助偶然因素来确定设计决策，从而弱化了建筑师的主体角色，还有一些方法则关注未来的使用者，并将其纳入设计的考量之中。

　　本书结合案例的解析，审视了建筑设计中的诸多方法，并对其优劣势进行了讨论。其中许多方法源于近几十年，也有一些方法的使用可以向前追溯数百年。虽然许多理论家声称自己提出了放之四海而皆准的普适性方法，但任何一种特定方法都不可能契合所有的设计任务并构成其唯一正确的选择。因此，在设计中为特定的任务选取恰当的方法十分关键。熟悉多种方法将为设计者带来极大的灵活性，但要注意方法并不能自动地为设计问题提供解答：设计方法是帮助建筑师聚焦并应对设计挑战的工具，而非限制其真诚创作的枷锁。

1 作为权威正统的自然与几何

1.1 模仿生物形态的建筑

设计方法最初的关注在于形式的生成。现代主义的核心主张则在于，历史的建筑形式已然不再符合时代的精神：旧式的风格样式已经退化为一种恶劣且过时的伪装，其阻碍建筑师的创作，传递反动而虚伪的信息，无法应对新的社会与技术条件所带来的挑战。

依据建筑设计师与理论家克劳德·布拉格登（Claude Bragdon）的观察，那些决定拥抱现代的建筑师们在1915年确立了新建筑语言的三个主要来源：天赋、自然与几何。依赖于天赋的案例可见安东尼·高迪（Antoni Gaudí）在巴塞罗那所做的米拉之家（Casa Milà，1907年）与奥古斯特·恩代尔（August Endell）于慕尼黑所做的埃尔维拉工作室（Atelier Elvira，1897年）（图1-1、图1-2）。

然而，许多建筑师认为此类尝试过于依赖主观感受与突发奇想，无法取代过往所确立的建筑学正统。他们更希望将建筑学置于普遍性的基础之上，而非使之陷入个体化的无常之中，也就是说，建筑应当是永恒的而非时尚的，应当追求普适性而非流俗于地方风情。对于自然的研究提供了普遍有效且可被理解的模型，适用于不同的社会环境

图1-1　安东尼·高迪，米拉之家的屋顶景观，巴塞罗那

图1-2　奥古斯特·恩代尔，埃尔维拉工作室，慕尼黑

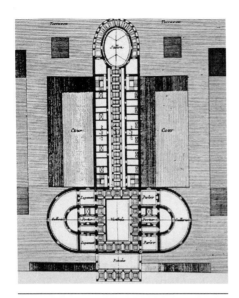

图1-3 克劳德·尼古拉斯·勒杜，妓馆设计

且与其历史或政治条件无关，而几何学则确保了某种恒久不变的进路的存在，即秩序的原则与思维的规律。故而，现代主义建筑师在规避模仿历史先例的早期尝试中，常常转而诉诸自然或科学，以求索建筑的新形态。

历史建筑中有许多装饰来源于动物或植物的形象，古典柱式中的科林斯柱头的特征取自莨苕植物（Acanthus）的叶形，而在古典建筑的饰带中则常见一种形象上类似于牛头骨的装饰（Bucranium）。在18世纪末，一些建筑师开始提倡"可言说的建筑"（L'architecture Parlante），即某种程度上能够彰显其建设意图的建筑。这里举两个极端一些的例子：让·雅克·勒奎（Jean-Jacques Lequeu）所设计的乳制品工厂采用了一头奶牛的形象，而克劳德·尼古拉斯·勒杜（Claude-Nicolas Ledoux）则将妓馆的平面设计为男性生殖器的形态（图1-3）。

这种符号象征的使用旨在建构一种模拟自然的建筑语言，以希冀建筑的功能可以跨越时间与空间的维度而获得理解，然而在"可言说的建筑"范畴中，更多激进的案例并没有真正得以建造。

19世纪末，有机主义再度回归。1905年，亨德里克·佩特鲁

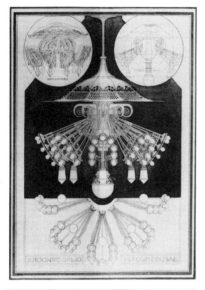

图1-4 亨德里克·佩特鲁斯·贝尔拉格，水母形态的枝状吊灯

图1-5 赫克多·吉玛德，巴黎地铁入口

斯·贝尔拉格（H. P. Berlage）设计了一盏水母形态的枝状吊灯 [记载于恩斯特·海克尔（Ernst Haeckel）所著的《自然的艺术形式》]。大约同一时期，赫克多·吉玛德（Hector Guimard）则在巴黎地铁入口的设计中模仿了花朵与昆虫的形态（图1-4、图1-5）。

人类学家鲁道夫·斯坦纳（Rudolf Steiner）在瑞士多纳赫社区的锅炉房（1915年）设计中使用隐喻的方式，将植物叶片与男性生殖器的形象融合其中（图1-6）。与他同辈的另一位表现主义建筑师赫尔曼·芬斯特林（Hermann Finsterlin）则在20世纪20年代早期创作了一批怪诞异常的设计，它们形似水母、贻贝或是变形虫，当然它们未能真正建成。

后来，即便这种象形或隐喻的热潮早已退却，偶尔也会出现建筑师再度模仿动植物形态进行设计的情况。由埃罗·沙里宁（Eero Saarinen）设计的纽约肯尼迪国际机场（JFK International Airport）环球航空公司航站楼（TWA terminal，1956–1962年）便是一个典型的案例：其形象好似鹏鸟正欲展翅，以昭示该建筑正承担着航旅门户的功能（图1-7）。

　　当然，向自然界直接借取形象的做法也会收到一些批评的声音。许多建筑师于是选择了通过更为抽象的方式来模仿自然，而非照搬其固有形象。早在古罗马建筑师维特鲁威所著的建筑学奠基著作《建筑十书》（Ten Books on Architecture，公元前46—前30年）之中，便有指导建筑师们在建筑中应用人体尺度而非模仿人体形象的建议。后来，建筑师们也常有基于对生物体的考察来优化建筑结构性能的研究。例如圣地亚哥·卡拉特拉瓦（Santiago Calatrava）在接受委托进行纽约圣约翰大教堂（Cathedral Church of St. John the Divine）的设计时，便从对犬类骨骼的研究中汲取了灵感。最终的设计将两类截然不同的思考——有机形态的情感唤起与建筑结构的性能表现融合为一（图1-8、图1-9）。

图1-6　鲁道夫·斯坦纳，多纳赫社区锅炉房

图1-7　埃罗·沙里宁，纽约环球航空公司航站楼

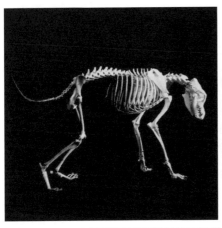

图1-8　犬类骨骼

图1-9　圣地亚哥·卡拉特拉瓦，受犬类骨骼启发
设计的结构

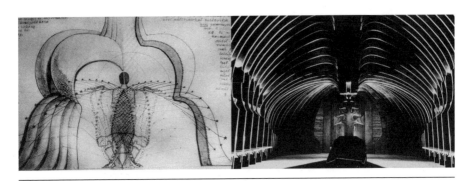

图1-10　伊姆雷·马科韦茨，位于布达佩斯的法克什雷蒂葬礼礼堂

伊姆雷·马科韦茨（Imre Makovecz）在匈牙利法克什雷蒂葬礼礼堂（The funeral chapel in Farkasrét，1975年）的设计中示范了一种独特的方法，以实现在有机形态的塑造中创造建筑的意义。设计中精细而连贯的屋顶结构来源于对马科韦茨手臂挥舞动作的延时摄影（Chronophotograph）。于是，借助于摄影技术，一系列由身体构成的复杂的几何形态被记录下来并构成了一种意象，这种意象所蕴含的充分的抽象性使其得以被转换成为一种合理的建筑结构（图1-10）。

1.2　正交剖分法与三角剖分法

　　另一种规避建筑传统桎梏的方法是诉诸科学式的模型与数学式的过程。例如，亨德里克·佩特鲁斯·贝尔拉格（Hendrik Petrus Berlage）在他成熟时期的作品中，通常不再使用有机形态的模型，而是通过比例系统与几何网格来精确地确定建筑形式。同时，他在自己的著作中也讨论了源于哥特建筑的两种设计方法，即"正交剖分法"（Quadrature）与"三角剖分法"（Triangulation）（图1-11、图1-12）。

　　概括地说，正交剖分法在数学中被称为"求积"，是一种对平面图形进行面积求解的数学方法，其具体做法为将较为复杂的图形分割成为一系列简单形状后再进行面积的加和。在建筑学中，这个术语则特指了一种针对正方形的图形操作方法，以实现图形的加倍或减半。具体来说，给定一个正方形，取其四边的中点并依次连线（分别与原正方形的四边成45°夹角），便可以得到一个面积为原正方形一半的新正方形。三角剖分法与之类似，是正交剖分法在三角形（一般是等边三角形）上的迁移。

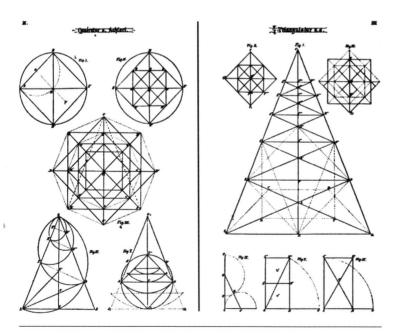

图1-11　亨德里克·佩特鲁斯·贝尔拉格，正交剖分法与三角剖分法

图1-12 亨德里克·佩特鲁斯·贝尔拉格，阿姆斯特丹证券交易所

早期的现代主义者对正交剖分法与三角剖分法的着迷，其原因——至少其中的一部分——在于这些设计方法来源于中世纪时期神秘的组织。事实上，哥特建筑师们对这些设计技法的使用主要是出于实用层面的考虑。由于统一度量衡的缺失，"1英尺[⊖]"的长度在各国甚至各镇都彼此不同，故而在各地间流动的石匠们无法使用比例图纸进行工作。于是，他们转而利用几何学工具，在既无码尺也无明确比例的情况下，仅依靠草图便实现了建筑施工中的尺寸确定。正交剖分法与三角剖分法在当时的使用很大程度上是一种权宜之计，但由此却推动了一系列形态上高度复杂，而比例上连贯和谐的建筑的出现。

现代建筑的先驱之一——路易斯·沙利文（Louis Sullivan）在其著作《建筑装饰系统》（*A System of Architectural Ornament*，1924年）中阐述了他个人使用的几何操作方法。首先给定一个简单的正方形，画出其对角的与正交的对称轴线，其后对其应用正交剖分法以及其他几何操作，并逐层覆盖于原始的正方形上，从而最终实现了精致的花卉图案的生成。此外，沙利文认为这个过程应被解读为有机形式所代表的女性气质在几何秩序所代表的男性气质之上的浮现。这种超验主义的思想——生命生长于对立的力量之中而宇宙建立于二元的基础之上——塑造了沙利文装饰设计的概念基础（图1-13）。

⊖ 英尺是参照成年男子足部长度制定的度量单位。现今，1英尺=0.3048米——译者注

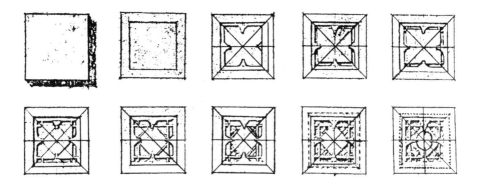

图1-13 路易斯·沙利文，有机形式的几何推演

图1-14 弗兰克·劳埃德·赖特，芝加哥橡树园联合教堂

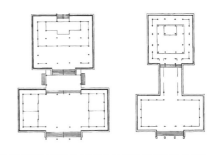

图1-15 弗兰克·劳埃德·赖特，橡树园联合教堂一层平面

　　后来的现代主义者不再鼓吹这种象征式的解读，但大多继承了几何操作的方法。沙利文曾经的助手弗兰克·劳埃德·赖特（Frank Lloyd Wright），甚至在自己事务所的标识中使用了正交剖分图解。与沙利文不同，赖特并没有将几何学作为实现超验主义象征的途径，而是将其作为一种工具，用以帮助自己突破欧洲建筑影响的桎梏，从而创造真正的美国建筑实践。他早期的代表作橡树园联合教堂（The Unity Temple，1906—1908年）便是一个典型案例，该建筑位于美国的芝加哥城（图1-14、图1-15）。

　　历史学家常常借助建筑先例或者其他具有模型性质的事物来诠释赖特的建筑实践，例如，一些学者声称赖特模仿了彼得·贝伦斯（Peter Behrens）为美国1904年圣路易斯世界博览会（World's

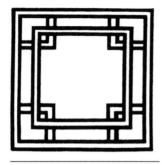
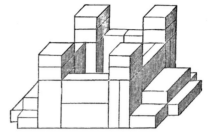

图1-16 亚瑟·道，装饰研究　　图1-17 弗里德里希·福禄贝尔，积木玩具屋

Fair in St. Louis）所作德国馆（the German Pavilion）中的立方体风格
（Cubic Style）；另一些则认为赖特采用了日本神社建筑中"権现造[○]"
（Gongen-style）的平面类型【详见章节：6回应场地—6.1地域主义】，其
典例可见"日光山輪王寺大猷院"（Nikko Taiyu-in-byo）。诚然，赖
特所设计的教堂与这些神殿建筑具有共同的特征：两个主要的建筑体
量—— 一个的平面接近于正方形，另一个则是更长一些的长方形——
借助一个附属的体量而得以连接。

其他一些评论家认为，橡树园联合教堂的设计与日本艺术中的构
成原理颇有渊源，这种联系与画家亚瑟·道（Arthur Dow）所阐发的
构图思想相类似（图1-16）。然而，赖特本人则表示，橡树园联合教
堂设计的灵感实际来源于他童年时的游戏玩具福禄贝尔积木（Fröbel
Blocks）（图1-17）。

以上的想法都有一定道理，也都有一定的片面性。那么，接下来
不妨对其进行一次几何分析，这将有助于我们的理解。

1928年赖特发表了一份设计分析图解，说明了橡树园联合教堂中
的两部分——圣殿（Temple）及其相邻的联合会堂（Unity House）
共同建立在一套以7英尺为模数的网格系统之上（图1-18）。建筑中
侧窗、天窗以及其他的细部均与该网格明确适配，然而建筑主要体量
与网格的对应关系却很不明确。若要理解其内在秩序，则需要将中央

○ "権现造"是日本的一种神社建筑类型，表现为本殿与拜殿借由一个矮厅相
连。——译者注

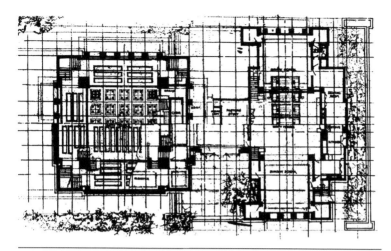

图1-18　弗兰克·劳埃德·赖特，橡树园联合教堂网格平面

的圣坛切分为四个象限，来完成对该网格系统的重构（图1-19）。与之相应地，圣殿的窗墙则在平面上限定出一个包含了16个单元的正方形。至于联合会堂部分，如果我们将壁炉墙计入，其中央会议厅在长度上便对应了2个单位。同样地，建筑的连接部分也对应了2个单位长度。壁炉墙背后的缝纫间则占据了半个单位长度（图1-19a）。事实上，会议厅与圣坛在平面控制中参照的是大小完全相同的两个正方形，其区别仅在于会议厅的墙与柱落位在这个正方形的内部[⊖]。

然而，为避免模数化平面常常引发的形象僵化问题，赖特利用正交剖分法在设计平面中耦合了一系列与原有网格并不兼容的尺度。例如，若取限定圣坛的正方形的对角线并将其旋转45°，便可以得到角塔的位置（图1-19b）。与之类似，联合会堂的侧翼与两端的墙壁在平面上对应了两个正方形，而这两个正方形的边长则正好与原始正方形[⊜]的对角线长度相当（图1-19c）。类似的操作在设计中被反复执行并应用于各个尺度之上，甚至贯彻于装饰之中（图1-19d）。借由这种尺度上的协调，不同的构图原则在设计中得以和谐共存，其结果并未将设计

⊖　与之相对，限定圣坛范围的4根柱子则落在了其正方形的外部。——译者注
⊜　指限定中央圣坛的平面正方形。——译者注

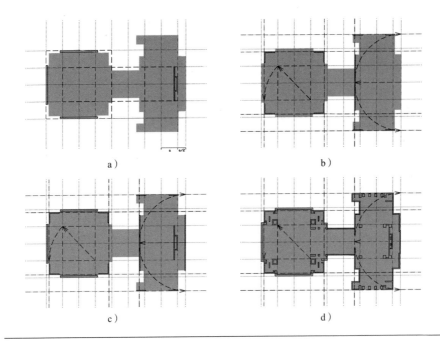

a)　　　　　　　　　　　　b)

c)　　　　　　　　　　　　d)

图1-19　弗兰克·劳埃德·赖特，橡树园联合教堂平面的几何推演

引向随意武断或令人费解的局面，反而创造了一种特殊的张力。

　　临近博洛尼亚（Bologna）的意大利小城里奥拉（Riola）中有一座小教堂（1966—1978年），其立面设计也是通过几何操作来确定的，但与橡树园联合教堂相比起来要简单得多。或许是为了与三位一体[○]形成象征关系，其建筑师阿尔瓦·阿尔托（Alvar Aalto）决定应用三角剖分法进行设计。里奥拉教堂的立面设计只要借助一个圆规与一个30°、60°、90°的三角板便可轻松完成。将这个直角三角板设为ABC，其AC为底边，∠BAC为60°，而∠BCA为30°。以C点为圆心，借助圆规便可确定教堂中各个天窗的位置，从而将自然光线引入室

──────────

　○　三位一体是基督教的核心信仰之一，指的是基督教所崇拜的上帝的三位格：
　　　圣父、圣子、圣灵。意为上帝的三个不同位格组成了一个完整的神，每个位
　　　格是独立的，但又是不可分割的。──译者注

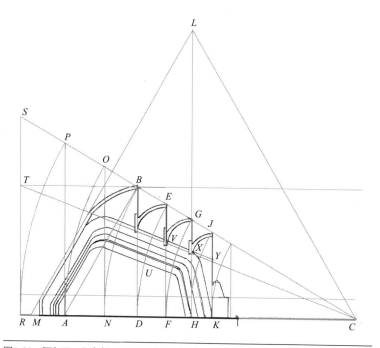

图1-20　阿尔瓦·阿尔托，里奥拉教堂，通过三角剖分法确立的立面构造

内：过B点作AC的垂线并与AC交于点D，从而确定了第一个天窗的定位。将此过程反复迭代[○]，分别得到AC的垂线EF、GH、JK，则可以确定另外三个天窗的位置，其之间存在一个关于$\sqrt{3}$的比例关系。其后，将线段HG延长至点L，从而使CL与CA间的夹角成60°；过点L作线段LM，从而使$\triangle LMC$成为等边三角形，从而确定了教堂南侧墙壁的定位。基于线段CB的定位继续进行几何操作，可以确定室内混凝土拱的角度[○]。甚至，借助圆规，以点U、V、X、Y为圆心，还可以确定各个拱顶的弧线定位（图1-20）。

○　以圆规依次确定$CD=CE$并作$EF \perp AC$；确定$CF=CG$并作$GH \perp AC$；确定$CH=CJ$并作$JK \perp AC$。——译者注

○　作$AP \perp AC$并与CB的延长线交于P点，在CA的延长线上取$CR=CP$，作$RS \perp RC$，过B点作$AC//BT$并与RS交于T点，则CT即为室内混凝土拱的定位参考线。——译者注

2 作为模型范例的音乐与数学

2.1 音乐的类比

得益于正交剖分法与三角剖分法的应用，一种内在的数学结构在哥特式建筑中得以形成，而这也启发了哲学家们著名的暗喻：建筑是凝固的音乐。对许多建筑师来说，这项类比引发了一个问题，即音乐的编排与声响能否被转化成为一种建筑或空间的构成？

德国物理学家恩斯特·克拉尼（Ernst Chladni）于1787年探索了一种将声响转化为可见形式的方法。他将细沙铺在玻璃或金属平板之上，并利用小提琴弓划过平板边缘以使平板产生振动。细密的沙粒从振动最为剧烈之处滑落、堆积，从而形成了复杂的图案。图案将构形如何，则受到平板支点、弓弦位置、拉弓速度，以及平板的厚度、密度、弹性等诸多因素的影响。从这些克拉尼图形出发，克劳德·布拉格登提出，建筑不过是声响形式在瞬息变幻过程中的定格显现（图2-1、图2-2）。

还存在另一种从音乐中推演建筑的方式，即将旋律中的音程转录为数字，进而再将其转译为一种空间系统。在这项探索的启发下，克劳德·布拉格登进行了"幻方"——或可直接称之为矩阵的尝试，即在矩阵方格中填入数字，以使每行与每列的数字加总之和相等。他按照数字的顺序进行了依次连线，从而得到了一个偶然而复杂的图

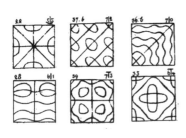

图2-1 恩斯特·克拉尼，沙子在振动平板上形成的克拉尼图形

图2-2 恩斯特·克拉尼，振动中的克拉尼平板

（派生而来的一个 5×5 的棋盘格形式上相互交错的装饰）

图2-3 克劳德·布拉格登，形式的数字化生成

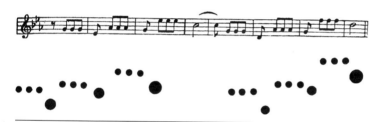

图2-4 瓦西里·康定斯基，贝多芬《第五交响曲》符号注记

形（图2-3）。

德国魏玛包豪斯学派中的两位领军艺术家瓦西里·康定斯基（Wassily Kandinsky）与保罗·克利（Paul Klee）则开发了一系列不同的方法来实现将音乐理念转化为视觉材料。顺承自己关于点、线、面的构图理论，康定斯基在1925年提出了一种有别于传统的音乐记谱方法。然而，从他对贝多芬《第五交响曲》（*Fifth Symphony*）中前几小节乐谱的转写中可以发现，尽管五线谱不再出现，但康定斯基仍然使用了类似于传统乐谱的音符记号，以及与传统一致的、从左至右的读谱方式。该记谱方法的特征则在于，音符的音高取决于其相对于其他音符的位置高度，时值取决于其相对于其他音符的水平距离，而力度依靠圆点记号的大小来进行标示（图2-4）。

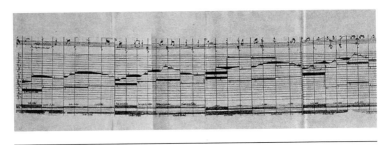

图2-5 保罗·克利，巴赫第6号柔板

相较而言，克利于1924年对巴赫（Johann S. Bach）的《G大调小提琴和大键琴奏鸣曲·第6号柔板》（*Adagio No.6 from the sonata for violin and harpsichord in G major*）的转译则更为严谨，传统的五线谱形式转变为整齐划一的水平线网格，其中音符的音高对应于网格高度，时值对应于其长度，而力度变化则对应于其线宽差异（图2-5）。

1991年，建筑师斯蒂文·霍尔（Steven Holl）引借这种转译方式设计了迭句住宅（Stretto House）的立面，这座建筑坐落于得克萨斯州的达拉斯市。霍尔认为，建筑中体量与材料的表达将依据其重力、质量、荷载以及扭转等特征得到彰显，就如同音乐谱曲中的管弦配合一般。设计迭句住宅时，霍尔引用了1936年贝拉·巴尔托克（Béla Bartók）的《为弦乐、打击乐和钢片琴而作的音乐》（*Music for Strings，Percussion and Celeste*）。该乐曲以严格对称的赋格结构与妥善安排的声响布局著称：其中，打击乐器、钢片琴、钢琴、竖琴和木琴被置于舞台中央，而弦乐四重奏组合与低音提琴则分置两侧，从而形成了乐声"轻""重"在空间上的划分。霍尔的设计正是对此轻重关系的类比：沉重的混凝土体块与轻柔的弯曲屋顶相映成趣（图2-6）。

1928年，亨里克·奈杰博伦（Henrik Neugeboren）在巴赫纪念碑（Bach Monument）的设计中也延续了克利的方法，并在其基础上更进一步。该作品类似于一种三维实体化的乐谱，转译自巴赫《平均律键盘曲集·第一卷》（*Well-tempered Clavier，Book I*）中《降E小调赋格曲》（*Fugue in E Flat Minor*）的一小段节选（52—55小节）。在

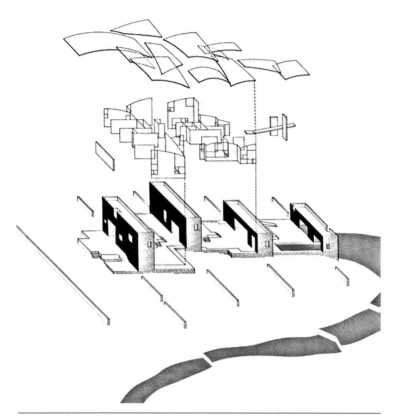

图2-6 斯蒂文·霍尔，达拉斯迭句住宅

奈杰博伦的转译体系中，X轴代表音符时值，Y轴则代表音符音高。在传统记谱法中，每个音符的确切时值由特定符号标示，故而音符在纸面上的位置并不重要，然而在奈杰博伦的版本中，每个小节都被设定为等宽的，并被分解为固定的音程。据推测，乐曲的节奏决定着时间段宽度。其与一般记谱方法最大的差异在于，其在Z轴上复制了Y轴的信息：即音高越高，其在Y轴与Z轴上标示的数值越高。奈杰博伦在设计中将每个声音都设定为一条连续的折线，并在三维模型中将其转化为连续的纸板：其中与X轴相平行的部分代表着音符，而相垂直的部分则主要为了支撑模型而存在，并没有音乐层面上的指代意义（图2-7~图2-9）。

图2-7　巴赫，降E小调赋格曲，平均律键盘曲集第一卷8号，巴赫作品编号859，第52—55小节

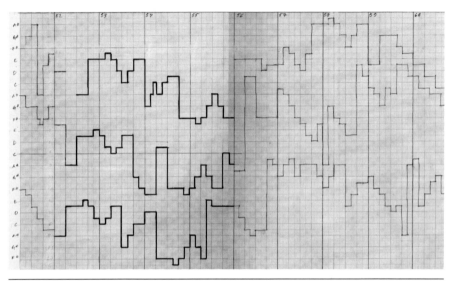

图2-8　亨里克·奈杰博伦，巴赫赋格曲第52—55小节的转译

霍尔与奈杰博伦都从乐谱出发创造了相应的三维形式，与此同时，许多建筑师也提出了从结构出发的类比方式。巴赫的赋格曲是基于生成性的主旋律（Theme）或称"主题"（Subject）而进行的创作，在曲中会出现两到三种对位声音对该主题进行模仿与变奏，这类声音被称为"回应"（Answers）或"对题"（Countersubjects）。在一些巴洛克的赋格曲中，这种变奏有着严格的规范：可以是主题的移调（Transposition）、倒影（Inversion）、逆行（Retrograde version），抑或是逆行倒影（Retrograde inversion）。20世纪，阿诺尔德·勋伯格（Arnold Schönberg）与安东·韦伯恩（Anton Webern）在他们的十二音编曲技法中应用了类似的系统，在其中同行的十二个音

图2-9 亨里克·奈杰博伦，巴赫纪念碑

符被以正序（Straight,）、倒序（Backwards）、倒置（Upside down）以及倒序倒置（Upside down backwards）的方式弹奏。彼得·埃森曼（Peter Eisenman）早期的住宅设计便是以这种编曲式的程序进行严格控制的，其初始形态逐步转化，直至一种恰到好处的复杂形态得以生成。

2.2 更高的维度

克劳德·布拉格登不满足于传统的将音乐转化为建筑的方法，他进一步制造了一种机器，将乐谱转化为通过电灯在屏幕上投射而成的动态色彩组合。通过这台被称为"光体"（Luxorgan）的机器，他创作了一些壮丽的奇观表演，例如1916年在纽约中央公园呈现的"没有墙的大教堂"。五年后，音乐家托马斯·威尔弗雷德（Thomas Wilfred）制造了一台机器，名为"键奏之光"（Clavilux），也常被人称为"彩色器官"（Color organ）。凭借这台机器，并借助相应的透明声敏材料——即克拉尼板（Chladni plates）的现代版，克劳德·布拉格登的"四维设计"将可以被转化为一种动态的创作。直至20世纪

50年代，威尔弗雷德持续制造着不同版本的"键奏之光"，其中一些版本使用墙上投影方式，另一些则使用屏显方式——一个两英寸[⊖]见方的屏幕，类似于电视机，被放置在一个装饰柜中（图2-10）。

威尔弗雷德"键奏之光"的核心机制组成包括一个或多个光源，一些被覆以宝石的圆盘，以及一些以不同速率旋转的哈哈镜。虽然有些光景图案是重复循环的，但这种光流艺术（威尔弗雷德称之为Lumia）与克劳德·布拉格登的四维设计在原则上是一致的：任何被捕捉到的孤立图像都无法代表该创作整体。

与很多建筑师一样，克劳德·布拉格登为四维概念而着迷，他甚至在爱因斯坦（Albert Einstein）的相对论发表之前便明确构想了四维几何，而时间就是其中的第四维。受一些神学家的启发，克劳德·布拉格登设想存在一个不可见的四维原型世界，不过我们只能部分地感知它（图2-11）。

至20世纪末，许多先锋设计师也回到了这个主题。彼得·埃森曼为美国匹兹堡卡耐基·梅隆大学（Carnegie Mellon University）设计了一座科学大楼，其设计起点是一系列经过布尔交错的立方体群，其扭曲的实体与开放的钢架表露了这些实体的操作印记（图2-12）。

借助虚拟现实技术，则可以对四维几何进行更加连贯的应用。马尔克斯·诺瓦克（Marcos Novak）为2000年威尼斯双年展而作的"隐形建筑"（Invisible Architecture）即为一例。

该装置主体是一支带有红外传感器与镜头装置的杆件，其两端悬挂在电线上。该装置创造了一个独特的三维形状，它对于人眼是不可见的，但可以由计算机进行监控。观众们可以用手探索这个隐形的体量，计算机可以对人手的探索进行检测并以特定的声响做出回应。如此，观众便可以通过摸索并体察不断变化的声音来推测该隐形实体的位置及其确切形态（图2-13）。

从历史角度来看，诺瓦克的装置结合了两种在20世纪20年代中广

⊖ 1英寸=0.0254米。——译者注

图2-10 托马斯·威尔弗雷德，键奏之光

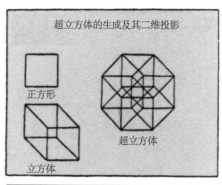

图2-11 克劳德·布拉格登，四维超立方体

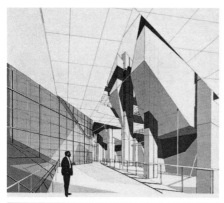

图2-12 彼得·埃森曼，卡耐基·梅隆大学研究中心（方案）

图2-13 马尔克斯·诺瓦克，由四维实体投射而来的四个雕塑

为流行的发明：其一便是克劳德·布拉格登与威尔弗雷德基于四维运算的灯光秀；其二则是一股相对短暂的时髦潮流——特雷门琴，这是里昂·特雷门（Léon Theremin）于1919年发明的一件乐器，其可以将人类身体的运动转化为一种电子化的声音。

2.3 比例

传统的音乐创作方式涉及比例理论的运用。毕达哥拉斯（Pythagoras）

早已发现在音阶系统中的基本音程可以用"四元数[⊖]"（Tetraktys）中所蕴含的简洁的数字比例——1+2+3+4来描述。毕达哥拉斯学派（Pythagoreans）据此类推而提出：宇宙万物无不建立于几何与数字的规范之上，从而确保了各个层级中事物的彼此和谐。

历史学家乔治·赫尔西（George Hersey）认为，毕达哥拉斯学派的理念在新柏拉图主义（Neoplatonic）哲学家与文艺复兴时期的建筑师手中得到了进一步的发展。他断言文艺复兴时期建筑师的思考根植于新柏拉图主义的体系，他们认为建筑的物质实体全无价值，不过是一种放大了的比例模型、一种设计图的不完善的翻版，归根到底只是一种真实事物的投影，而真实事物的本质则应归为能够彰显宇宙运转的绝对几何结构。

历史学家鲁道夫·维特科尔（Rudolf Wittkower）的观点则相对和缓，他提出文艺复兴时期的天才人物帕拉第奥（Andrea Palladio）在进行别墅设计时会有意控制房间的比例关系，以构造一种能与音乐赋格相媲美的和谐序列。1947年，维特科尔针对帕拉第奥的别墅设计提出了一种开创性诠释：尽管各个别墅的形象各异，其实它们具有共同的图解基础——即网格系统。

维特科尔的精彩论文引起热议并启发了建筑理论家柯林·罗（Colin Rowe）对勒·柯布西耶（Le Corbusier）加歇别墅（Villa Stein at Garches）中类似网格系统的探讨（图2-14）。后来，柯林·罗进一步提出帕拉第奥的圆厅别墅（Villa Rotonda in Vicenza）与柯布西耶的萨伏伊别墅之间也存在某种共通之处。起初，这个观点仅仅生发于其形式上的类比，然而后来的历史学家则发现柯布西耶在其生涯早期便对帕拉第奥的作品抱有兴趣。在其1923年出版的巨著《走向新建筑》中，柯布西耶旗帜鲜明地提倡几何"控制线"与包含"黄金分割"在内的一系列比例规范的使用。至于具体的实践案例，我们可

⊖ 四元数是毕达哥拉斯学派提出的一个概念：如果我们将1个、2个、3个、4个点以中轴对称且间隔平均的方式排列在四排横行之中，可以得到一个等边三角形，与此同时，1+2+3+4=10。等边三角形与整数10同时存在的巧合，为这个数学构造带来了一种神秘的象征意义。——译者注

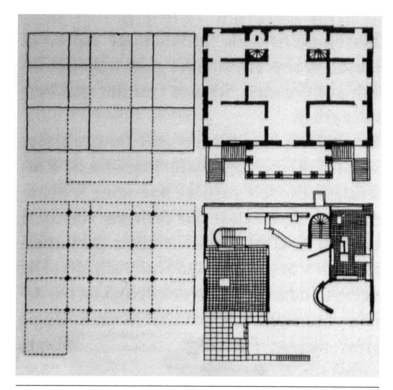

图2-14　柯林·罗，佛斯卡里别墅（帕拉迪奥，1560年）与加歇别墅（柯布西耶，1927年）的平面网格

以参看柯布西耶为纯粹主义（Purist）画家阿梅德·奥占芳（Amédée Ozenfant）所设计的巴黎画室。

　　在这座画室建筑中，柯布西耶首先要着手处理一个不规则形态的既定场地。场地被一面墙体以30°的角度切过，呈现为一个矩形被切割后的形态，其平面则成为两套互成30°角的网格体系相叠合的结果。外部楼梯的位置可以如此确定：通过场地右下角的角点，作30°斜侧墙延长线的垂线，其交点即为外部螺旋楼梯的圆心（图2-15a）。另一部室内楼梯也由两条线的交点来确定：其中一条是外部楼梯背面的墙与场地右上角点的连线，另一条则是平行于左侧斜墙的外部楼梯的切线。同时，后面这条线也确定了建筑后墙上的小窗位置与侧立面上的大幅

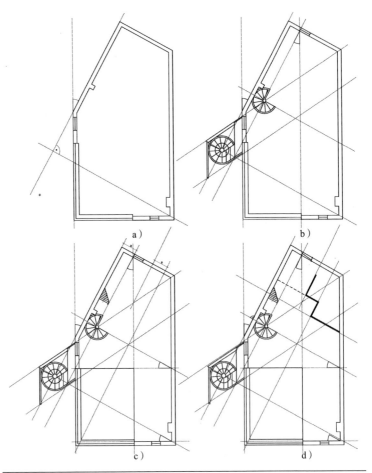

图2-15 勒·柯布西耶，奥占芳工作室，设计过程的生成图解

窗扇的边缘位置（图2-15b）。这个边缘的位点也可以这样得到：通过内部楼梯的圆心作斜侧墙的垂线与右侧墙交于一点，过该点的水平线与左侧墙的交点即为大窗的边缘位点（图2-15c）。建筑前侧立面上大幅窗扇的边缘位置则可以通过从后墙小窗位点作右侧墙的平行线来确定。另外诸多细节也都是通过类似控制线来进行确定的：例如配有水槽的"实验室"房间，其拐角落位于过建筑左下角点所做的斜侧墙的平行线上（图2-15d）。建筑的立面设计也遵循着相同的角度控制机制（图2-16）。

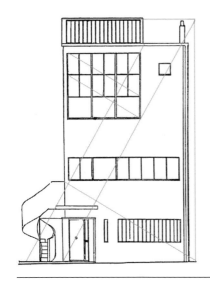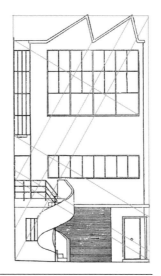

图2-16　勒·柯布西耶，奥占芳工作室立面中隐藏的参考线

　　柯布西耶在自己的职业生涯晚期将比例方法进行了系统化地整合，从而建立了"模度"（Modulor）系统（《模度》一书原版最早发表于1948年）。他坚信"黄金分割"（Golden section）是通向美的关键路径，然而黄金分割中的无理数特征使其难以在建筑的施工——特别是工业预制中应用。为了定义建筑中的实用尺度，他诉诸斐波那契数列（Fibonacci series）原理——即通过前两个数字的加和来生成后一个数字从而形成数列（例如1、1、2、3、5、8、13等），相邻两数之间的比例则将随数列发展而逐渐趋近于黄金分割比例。模度系统中则包含了两组斐波那契数列：一组被称为红尺，长至183厘米；另一组被称为蓝尺，长至226厘米。在柯布西耶看来，这两个尺寸分别代表了理想人的身高与其举起手臂的高度。

　　一些怀疑者对此表达了忧虑，他们担心模度系统的应用将会禁锢建筑师的创造力，并使更多的建筑被塑造为方盒形态。柯布西耶通过自己的设计做出了回应，他应用模度系统创作了自己生涯中最异乎寻常的作品：位于法国的朗香教堂（Notre-Dame du Haut chapel in Ronchamp，1954年）与位于布鲁塞尔的飞利浦展馆（Philips Pavilion

图2-17　勒·柯布西耶，伊阿尼斯·泽纳基斯，基于模度的直纹曲面成就了飞利浦展馆的自由形态

in Brussels，1958年）（图2-17）。

　　我们并不需要完全赞同柯布西耶对于黄金分割之美的信仰，但仍然有理由认为在设计中应用具有一致性的比例系统将有助于观者理解建筑中各个构成元素间的视觉关联。由此，设计也可以被视作一种文本，其中旨趣有待于观者细细品读。

　　在美学考虑之外，应用比例系统的另一个原因是实用性的需要。或许是受到了日本榻榻米的启发，许多现代建筑师都借助比例系统来进行模块化的设计。在他们的设计中，预制组成与标准构件得以良好结合。

3 作为灵感来源的偶然性与无意识

3.1 异托邦

阿尔瓦·阿尔托（Alvar Aalto）——与和他同时代的建筑师一样——会时不时地应用比例系统去进行细致入微的建筑设计，但同时，他也常常被视作建筑设计方法的反叛者。他的早期杰作——芬兰诺尔马库的玛丽亚别墅（Villa Mairea in Noormarkku, Finland, 1939年）被认为是"森林空间"与"立体主义拼贴"原则的具象体现。其中关键在于，建筑中材料与形式的丰富组合并非借由某种概念进行调控联系，而是凭借一种感官氛围进行确定的。建筑设计师兼理论家德米特里·波菲里奥斯（Demetri Porphyrios）经过更加深入的分析，提出阿尔托的建筑内含了一种特定的生成秩序，可称之为"异托邦"。尽管波菲里奥斯声称在异托邦中并无用以统合其他形式的主导性原则，仍有一些学者提出阿尔托在设计中会利用使用者探访建筑的流线来进行最初的设计组织，并在此基础上安排调整其他功能以使建筑整体运行顺畅。阿尔托异托邦设计的另一方面则表现在他擅于使用多种形式组织来强调建筑中最重要功能所在的空间特征。故而，他常常创作一些非常形态以彰显建筑中的公共空间——其中最为显见的便是类似于古希腊剧场平面的扇形空间，使其对比于一系列被置于简单重复模式之中的常规功能（根据建筑的不同类型，可能包括办公室、技术用房、标准客房等）。

阿尔托所做的沃尔夫斯堡文化中心（Cultural Center in Wolfsburg, 1962年）则更好地示范了异托邦方法。其平面与立面上的主要元素布置都包含了特定的组织原则与美学原理。主入口上方的多边形礼堂成扇形排列，其形象凸显于外立面并借由条纹大理石饰面进行进一步彰显。与之相对的，办公空间则遵循常规的正交排列秩序被置于立面后方，而立面向外则呈现为现代主义风格，类似于柯布西耶所作萨伏伊别墅的延长版。 同时建筑中还引入了其他相对独立的类型母题，例如配有毡帐顶棚与开放壁炉的罗马中庭式建筑（Roman

图3-1 阿尔瓦·阿尔托，沃尔夫斯堡文化中心

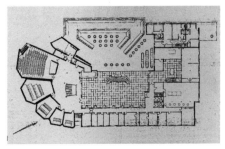

图3-2 阿尔瓦·阿尔托，沃尔夫斯堡文化中心二层平面

atrium house）母题，与密斯（Mies van der Rohe）式建筑中常见的统一网格体系不同 [详见章节：5.先例—5.2特定模型的转化]，阿尔托的设计开始于赋予各个布局元素以自身特质与相应形式，然后再将这些元素进行糅合重组，从而得到理想形式经历变形转化后的形态再现（图3-1、图3-2）。

就在评论家们仍在争论"异托邦"概念的时候，阿尔托已然提出了更不寻常的设计方法。他在一篇文章中宣称自己正在尝试刻意无视设计相关的信息并转而进行儿童式的涂鸦；而在另一篇文章中他将自己的设计方法定义为"游戏"。阿尔托在芬兰莫拉特赛罗岛上所做的"夏季别墅"（Experimental House in Muuratsalo，1953年）设计可以被视作是对于素淡克制的罗马中庭式住宅的浪漫反叛，它奇特的"尾部"（虽仅部分地实现）迥异于寻常所见。其实，不少人认为该别墅在创作中涉及不同类型与尺度的图绘游戏，包括将景观特征进行微缩后应用从而生成了该建筑的自由形态平面，甚至可能包括将人物肖像画与场地平面整合在一起。将同一种形式母题在不同尺度再现是阿尔托所反复使用的一种方法：例如扇形组织便是阿尔托设计中的标志性母题，它现身于凳腿的交接处，沃尔夫斯堡教堂的天花上，塞伊奈约基市（Seinäjoki）图书馆的建筑平面中，以及芬兰科特卡市（Kotka）住宅开发项目的场地规划内（图3-3~图3-5）。

图3-3 阿尔瓦·阿尔托，莫拉特赛罗夏季别墅场地平面

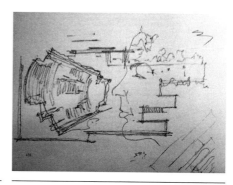

图3-4 阿尔瓦·阿尔托，莫拉特赛罗夏季别墅平面草图

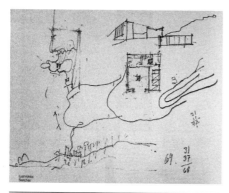

图3-5 阿尔瓦·阿尔托，莫拉特赛罗夏季别墅总平面草图

图3-6 约瑟夫·弗兰克，偶然主义建筑

3.2 超现实主义方法

　　与阿尔托同辈的一些建筑师们则更为精确地阐述了基于混沌无序的设计方法。例如约瑟夫·弗兰克（Josef Frank）提倡一种"偶然主义"，其内涵涉及一种近似于偶然形成的图像组合操作，这些图像同时包容了高雅文化与低俗刻奇，并意图借此来制造一种活力——这种活力通常内生于自然生长的城市之中（图3-6）。

　　偶然性可以成为艺术或建筑创意的驱动力——这种观念则流行于20世纪，而其根源则可以追溯至古代：亚里士多德（Aristotle）曾评点云朵聚合所塑造的形象，而据普林尼（Pliny）讲述普罗托耶尼斯

（Protogenes）则曾通过将海绵甩到墙上来进行绘画创作。达·芬奇（Leonardo da Vinci）受到这些前例启发而宣称：斑驳的墙壁中隐含了景观风光、战斗场面，与面容形象。1785年英国风景画家亚历山大·科仁斯（Alexander Cozens）将达·芬奇的评论发展成为一种真正的"偶然性"理论，他在著作《辅助风景画原创构图的新方法》（*A New Method of Assisting the Invention in Drawing Original Compositions of Landscape*）中描述了"一种用以激发艺术创意的程式方法"。这种方法包括使用笔刷在纸面上制造偶然随意的墨迹；用手将纸揉皱之后再行展开。科仁斯强调墨迹并非画作本身，而是一些偶然形成的形状集合，但真正的绘画可以在其基础上得以被创造。在选择好既定的墨迹后，艺术家应在不增添其他墨迹的基础上勾勒出相应的形象。其后，可以通过水墨细化来完成画作。这种方法旨在通过放弃刻意的控制来破除画家对于传统风景画构图模式的无意识服从（图3-7）。

图3-7 亚历山大·科仁斯，墨迹

在20世纪，一些超现实主义艺术家们也探索了类似的方法，他们重新启用了唯灵论者（Spiritist）与通神论者（Theosophist）的自动书写（Automatic writing，也被称为无意识书写）技艺。通神论者认为处于自动书写的情境时，作为灵媒的个体会放松自己从而促使灵魂引导手的动作。与此同时，超现实主义者们则在精神分析的框架下重构了这种实践。第一代超现实主义画家们借用了一种流行的室内游戏——"优美尸骸"（Exquisite corpse）的方法来引入团体互动以替代个人创作。创作过程中，第一个人会在一张纸的顶部绘制任意内容，并将其大部分折叠遮盖，只在底部留出些微痕迹，然后将其画纸交给下一位画家来接续创造。马克思·恩斯特（Max Ernst）则最为青睐"拓绘法"（Frottage），即在具有纹理的物体表面铺放纸张并进行拓印，以创造自动生成的形象与图案。此外，他的常用方法还包括"刷除术"（Grattage），即将颜料从画布上刮除的技法。

后来，超现实主义者们又另外提出了几种图像绘制技术。例如由罗马尼亚艺术家、诗人格拉西姆·卢卡（Gherasim Luca）所提出的"方形拼贴法"（Cubomania），通过将一系列图像切分为等大的方块，再进行随机的重新排列以生成令人惊异的图形组合；又如"吹画法"（Soufflage），通过将液体颜料吹至纸面来作画；又如"灰撒法"（Parsemage），通过将炭粉洒在水面上，再用一张纸在水面上划过来作画；又如"熏染法"（Fumage），图像是通过蜡烛或煤油灯的烟雾熏印在纸张或画布之上的；再如"内视书写法"（Entoptic Graphomania），则是由与卢卡同乡的艺术家多尔菲·特罗斯特（Dolfi Trost）发明的一种"自动书写"的变体形式，通过在纸面上进行随机标记，并用线连接，从而生成图像。涉及三维形态的方法并不多见，"浇铸法"（Coulage）是其中之一：通过将熔化的蜡、巧克力或金属锡浇入冷水之中来制造随机形态的雕塑作品。

后来，特罗斯特放弃了自动书写一类的超现实主义艺术创作技巧，并转向"严格践行科学程序"式的方法。然而，这种"科学式"方法所产生的结果仍然是无法预测的。

一些建筑师也在利用超现实主义方法来设计建筑的形态。蓝天组

图3-8　蓝天组，开放住宅（方案）草图　　图3-9　蓝天组，开放住宅模型

[Coop Himmelb(l)au] 建筑事务所的沃尔夫·德·普瑞克斯（Wolf D. Prix）与海默特·斯维兹斯基（Helmut Swiczinsky）在他们于加利福尼亚马里布市所做的开放住宅（Open House，1990年）项目中使用了自动书写方法。这个设计"由一个爆炸般的草图创作而来。创作者在绘制草图时全程闭眼、聚精会神，手就如同一台能够记录情感的地震仪一般，唤醒将被建构的空间"。一位建筑师负责画图，另一位建筑师则在不预设审查与评价标准的基础上将草图转化为三维模型——此时，嘹亮的音响正播放着吉米·亨德里克斯（Jimi Hendrix）的紫雾（*Purple Haze*）（图3-8、图3-9）。

　　虽然超现实主义方法并非直接作用于建筑的形态生成，许多当代建筑师仍然深受其影响。雷姆·库哈斯（Rem Koolhaas）便曾明确提及萨尔瓦多·达利（Salvador Dalí）的"偏执批判法"（Paranoid-Critical Method）。库哈斯关注内容计划⊖（Program）的组合效益更胜于形式上的配置构成，并鼓吹将并不相容的内容计划进行并置叠合以形成一个不连续的整体，并期待其能引发新的事件的产生。大都会事务所（Office for Metropolitan Architecture，后文均简称OMA）为巴黎拉维莱特公园（Parc de la Villette）所做的设计提案（1982年）

⊖　此处原文为Program，其含义与国内通常所谈的"功能排布"或"功能关系"
　　中的"功能"大致相同。为与英文中的Function一词相区分，Program现常译
　　为"内容计划"。——译者注

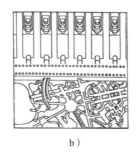
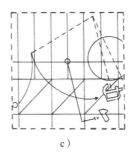

a)   b)   c)

图3-10　伯纳德·屈米，曼哈顿手稿中一段故事向建筑的转译

便是践行该思想的典型案例——一组不相容和的内容元素的蒙太奇
（Montage）并置。建筑师与理论家伯纳德·屈米（Bernard Tschumi）
则提出了更为精确的概念，将类似操作细分为反策划、交叉策划与
跨策划[⊖]（Dis-，cross-，and transprogramming）。此外，屈米还借助
与电影的对比从而深入探讨了蒙太奇的潜力，并提出了精密的符号系
统。屈米在《曼哈顿手稿》（*Manhattan Transcripts*，1978/1994年）中
进行实践，将一个侦探故事转化为一个建筑项目（图3-10）。

　　由R&Sie建筑事务所为泰国曼谷所做的当代艺术博物馆
（Contemporary Art Museum，2002年）设计提案"尘埃浮雕/曼谷博物
馆"（Dusty Relief/B-mu）则是一项更为严谨的超现实主义作品。其
包含一层由"浮沉颗粒偶然拼合而成的灰色外壳"所随机构成的像素
化浮雕，一个将城市中漂浮的灰尘收集到铝制格栅之上的静电系统，
以及一种在"欧氏几何式"的室内与"拓扑式"的室外之间产生的反

⊖　这三个术语出自屈米的论文集《建筑与分离》（*Architecture and*
Disjunction），原文中术语出现的顺序为交叉策划、跨策划、反策划。按照
这个顺序可以更好地理解这三个概念间所隐含的递进关系。
反策划：将两种功能策划整合起来，利用其中一种空间配置来对另一种功能
策划及其空间配置造成影响。后者将在前者的内在矛盾中被重新建构，而后
者被更新后的空间配置或也可用于前者。
交叉策划：为一种功能策划指定一个原本用于其他功能策划的空间配置。
跨策划：将两种功能策划组合并置，不考虑它们之间的不兼容性或各自独立
的空间配置。——译者注

图3-11　R&Sie建筑事务所，尘埃浮雕/曼谷博物　　　图3-12　R&Sie建筑事务所，尘埃浮雕/曼谷博物
馆，（方案）剖面　　　　　　　　　　　　　　馆，建筑形象

差。最终所形成的建筑，其立面的颜色、形状与质地将随城市污染状
况的不同而不断发生变化（图3-11、图3-12）。

Rationalist approaches
4 理性主义途径

4.1 性能形式

在超现实主义艺术家们对非理性与偶然性方式进行实验探索的同时，包豪斯的一些艺术家与建筑师则走向了相反的道路——致力于开发理性与客观的设计方法。汉斯·迈耶（Hannes Meyer）在任职包豪斯校长期间（1928—1930年）宣称：建筑不是一种美术形式，故而建筑师无权仅凭自己的主观直觉与灵感创意行事；与之正相反，每一项建筑设计都应该建立于那些能够被测度、观察与衡量的切实的科学知识的基础之上。为了建构这样的知识基础，他邀请了众多科学家前来讲学，其主题涉及哲学、物理学、经济学、社会学、心理学、生理学以及解剖学等学科的种种新近发现，同时积极敦促他的同事们去进行构造、材料，以及功能组织方面的研究。在真实的设计过程中，这些被广泛涉猎的知识将会与具体任务中的信息（尤其是与内容计划和场地环境相关的信息）相互整合。例如，迈耶会强调对太阳轨迹进行绘制，以及对土壤毛细管持水量与空间湿度进行测量的重要性。他宣称，只要掌握了项目所有的相关事实，建筑设计就可以被自动地"计算"出来。当今，许多建筑师仍在使用气泡图来表征不同功能之间的关联，从中我们可以发现迈耶的思想影响延续至今（图4-1）。

由汉斯·迈耶、蒂博尔·维纳（Tibor Weiner）和菲利普·托尔兹纳（Philipp Tolziner）所设计的一座社区建筑（1930年）开始于两个图解：其一描述了功能所展开的顺序，其二则明确了太阳照射的角度。在这个实例中，移动的过程被详述为以下次序：到达—更衣—室内起居活动—室外起居活动—回屋活动或再次更衣—洗浴—更换睡衣—睡眠。设计中一个基本假设是不同的功能对太阳光有着不同的需求：卧室需要获得清晨的阳光，而起居室则需要获得傍晚的余晖。在此基础上，项目被设计为以两室为房间单元的公寓，其一为卧室与浴室，其二为起居室。所有房间都整体朝南，但特定的体量叠合方式使得浴室会在傍晚为床铺位置提供遮蔽，而起居室一角的窗户则是朝向西南方向的。

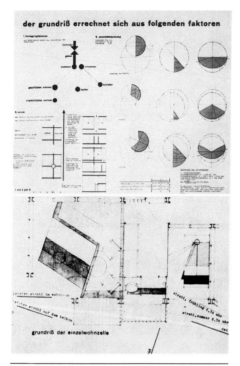

图4-1 对一个住宅单元（方案）平面进行的科学推
演研究

　　然而，除这些尝试之外，迈耶从未真正阐明一套完整的、能够根
据事实信息来生成建筑的指令集。许多同时代的建筑师认为，迈耶实
际上遵从了一套隐秘的审美议程，但这套标准既没有被明确地阐述，
也缺乏客观的条款。雨果·哈林（Hugo Häring）便声称，以迈耶为
代表的一群人对于简单几何形式怀有一种没有任何正当理由的非理性
审美偏好。哈林自己则为这种"腐朽的几何思想"提出了一种替代方
法——"性能形式"（Leistungsform，英译为Form of Performance）。
"性能形式"主张面向设计意图所指向的活动，明确其恰当的空间参
数，并在没有偏向与成见的基础上，推导出事物的形式。

　　德国波尼茨湖区（Lake Pönitz District）有一座小镇被称为沙尔
博伊茨（Scharbeutz），哈林为小镇设计了一处被称为 "加考农庄"

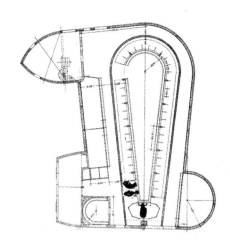

图4-2　雨果·哈林，加考农庄，展现"性能形式"的一层平面

（Gut Garkau，1924—1925年）的建筑，其中的牛舍是哈林应用"性能形式"的一个著名案例。通常来说，典型的棚屋会选择长方形平面来方便自身建造，与其他建筑连通，以及进一步的扩建。哈林的设计则呈现出一种少见的椭圆形构成。这样的平面形式无疑使施工变得更为复杂，很可能也会影响未来功能转换时的灵活性，但根据哈林的说法，这座建筑优化了牛群进出牛舍的行动过程（图4-2、图4-3）。

　　但是如何才能找到正确的"性能形式"呢？哈林并没有给出一个能够确保其实现的简明程序，反倒谈起了所谓"形式起源的秘密"。不过我们可以将哈林的"性能形式"概念与20世纪20年代功能主义者们所崇尚的工作效率研究联系起来思考。科学管理研究（Scientific Management）的先驱弗雷德里克·温斯洛·泰勒（Frederick Winslow Taylor）测量了工作过程中各个分步的所需时间。弗兰克·邦克·吉尔布雷斯（Frank B. Gilbreth）则利用延时摄影技术以及电影摄像机准确地记录了工人的操作轨迹，其在相片中呈现为黑底上发光的白色弧线；后来他还制作了被称为"操作成像"（Cyclographs）的线材模型，从而将优化轨迹呈现为三维形式。配合吉尔布雷斯的"操作成像"模型，或许可以使哈林"性能形式"的推演确定成为可能（图4-4）。

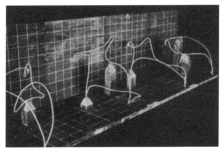

图4-3 雨果·哈林，加考农庄，牛舍　　　　　图4-4 弗兰克·邦克·吉尔布雷斯，操作轨迹研究

如果功能被非常明确地表述，我们便有可能对形式进行优化。然而，设想一下居住场景，我们会很快意识到大多数的空间承载了非常广泛的功能类型，如果我们基于特定功能对房间形式进行深度优化，那么该房间将会不再适宜承载大多数的其他功能。我们必须明确究竟应该去优化什么内容：空间的总量、造价、使用上的便利性，是以上皆有抑或是一些完全不同的其他内容。

4.2　设计研究

得益于消费级计算机的应用，设计研究在20世纪60年代获得了新的发展。尼古拉斯·尼葛洛庞帝（Nicholas Negroponte）构想了未来建筑机器将自动化生成设计的场景，乔治·斯蒂尼（George Stiny）与威廉·米切尔（William Mitchell）开创了形状语法（Shape grammar）作为计算机生成设计的方法。斯蒂尼与米切尔将乔姆斯基（Chomskian）的语言学技术应用于维特科尔对于帕拉第奥的别墅分析中，并通过计算机编程实现了帕拉第奥式（Palladian）的建筑平、立面图的生成。其生成的所有设计都具有文艺复兴时期原创作品的特征元素，包括门廊、神庙式立面，以及当地不做装饰的砌体；平面则是基于维特科尔从原作中抽象而来的不规则网格的各类变体（图4-5）。

计算机强大的生产效率掩盖了一个确需考察的问题：在其快速生成的数千个别墅设计中，是否存在真正优秀的作品。通过计算机生成的方案会涉及某种形式上的相关性，如果缺乏相应的筛选与评估机

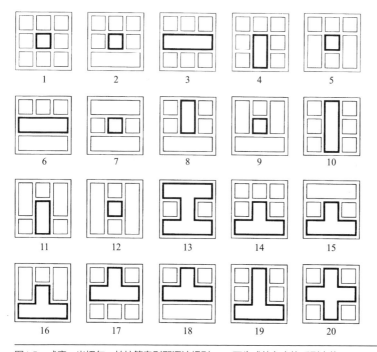

图4-5　威廉·米切尔，帕拉第奥别墅语法规则1~19下生成的九宫格系列变体

制，这种生成性程序的价值将会大打折扣。然而，如果我们能够定义有效的筛选与评估参数的话，便有可能在不必穷举所有变体的情况下获得满意方案。

比尔·希利尔（Bill Hillier）和朱利安妮·汉森（Julienne Hanson）则开创了空间句法（Space syntax），其雄心更胜于对建筑先贤们风格的模仿。他们声称社会关系与空间关系之间存在一种无法简化的关联；人群与空间根本上都是"组构"（Configuration）问题。尽管社会组构与空间组构被称为"形态语言"（Morphic languages），它们除了自身之外并不象征或指代任何其他内容。希利尔与汉森假定存在两种城市的参与者（Actors）——居民与游客，并在此假设基础上进行了理论建模。空间的深度（Depth）是其理论中的一个重要因素。一个空间越深，意味着到达它需要穿越更多的房间或其他空间，这表明这个空间自身更为隔绝，也表明其在权力或地

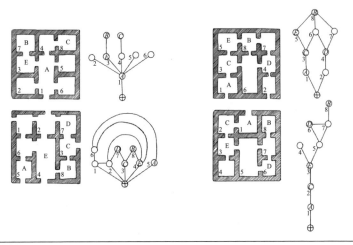

图4-6　比尔·希利尔和朱利安妮·汉森，九宫格平面中不同的空间深度

位系统中处于更高的等级。作者以四个彼此相似的九宫格平面为例进行分析，基于空间深度的概念，阐明了它们之间截然不同的空间结构（图4-6）。

空间句法是颇为极端的还原主义（Reductivist）方法：文化传统与美学因素都被排除在其分析体系之外。希利尔声称我们不需要基于任何预设的建筑经验，便可以利用简要的地图分析来对建筑乃至城市空间中的人类行为进行可实证的预测。空间句法并非一种致力于形式生成的方法，但可以用于方案的比选评估。

克里斯托弗·亚历山大（Christopher Alexander）所提出的模式语言（Pattern language）则是一种更易于应用的方法，这种方法根植于一种类比的、数学的与实证的建筑学观察。他区分了不同类型的图解：关于需求的、形式的、建设性的等。需求图解旨在描述与情境相关的约束条件；形式图解旨在定义明确的形式组织——当然最好与功能预期相结合；建设性图解则旨在对设计中的形式与功能进行整合性的诠释。

举例说明亚历山大的建设性图解：一个用以表征拥挤路口的交通路口图解。在图解中，亚历山大并没有使用数字来阐明车流数量，而是将更繁忙的街道画得比空闲的街道更宽一些。我们可以从中取得一种可以满足功能需求的、在交叉路口设计中可以应用的形式意象（图4-7）。

这种方法被荷兰的麦克斯万事务所 [Maxwan，由林茨·迪杰斯特拉（Rients Dijkstra）与林内·马金加（Rianne Makkink）创立] 借鉴并应用于荷兰莱顿莱茵河（Leidsche Rijn）新区中的30座桥梁设计（1997—2000年）。每一座桥梁都根据交通类型与流量的预测进行了特定的设计，包括其桥面也是根据特定的用户类型来确定的（图4-8）。

亚历山大认为建筑设计中的主要问题在于倚重口头语言来表达设计问题的倾向。相较于利用抽象的语言概念进行工作，他更倾向于将设计任务分解为一系列具体的子问题进行一一解决，并将它们重新整合成为一个具有层次的整体系统。在这个基础上，亚历山大发展了一种模式语言（见《模式语言》，*A Pattern Language*，1977年），将普遍适用的形式方案与活动模式进行对应，从而提出了一种不局限于时间与空间的、普遍存在于优秀建筑之中的"无法言说的真意"（Quality without a name）。他声称这种真意拥有15种基本特性："尺度的层级"（Levels of scale）、"强中心"（Strong centers）、"边界"（Boundaries）、"交替重复"（Alternating repetition）、"积极空间"（Positive space）、"良好形态"（Good shape）、"局部对

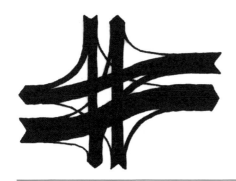

图4-7　克里斯托弗·亚历山大，交通路口图解

⊖　"模式语言"是英文直译，实际上为强调学科属性，中译本将书名译为了《建筑模式语言》。——译者注

NR40a
DO:08/08/97

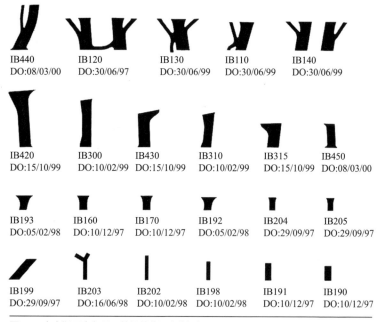

IB440	IB120	IB130	IB110	IB140
DO:08/03/00	DO:30/06/97	DO:30/06/99	DO:30/06/99	DO:30/06/99

IB420	IB300	IB430	IB310	IB315	IB450
DO:15/10/99	DO:10/02/99	DO:15/10/99	DO:10/02/99	DO:15/10/99	DO:08/03/00

IB193	IB160	IB170	IB192	IB204	IB205
DO:05/02/98	DO:10/12/97	DO:10/12/97	DO:05/02/98	DO:29/09/97	DO:29/09/97

IB199	IB203	IB202	IB198	IB191	IB190
DO:29/09/97	DO:16/06/98	DO:10/02/98	DO:10/02/98	DO:10/12/97	DO:10/12/97

图4-8 麦克斯万事务所，莱顿莱茵河上的桥梁

称"（Local symmetries）、"深层连锁与模糊"（Deep interlock and ambiguity）、"对比"（Contrast）、"渐变"（Gradients）、"粗糙"（Roughness）、"复现"（Echoes）、"空隙"（Void）、"简约与内在的平静"（Simplicity and inner calm），以及"不可分离性"（Non-separateness）。据称这些品质特征在亚历山大于加利福尼亚州圣何塞（San Jose）所作建筑的柱列设计中得到了彰显。

亚历山大将建筑设计描述为一个没有止境的过程，而其中最优结果的实现则取决于建筑师能否帮助居民找到正确的模式。在这种意义上，模式语言可以被视为用户规划（User planning）中的最为先进的概念之一：其使得没有建筑知识的普通用户有能力对建筑模式的选项进行构想并理解其后果，然后基于此进行有意识的选择与建造。

在亚历山大的语境中，模式指的是一种物体关联，其覆盖了从城市到建筑构造细节的各种尺度。模式提供了一种针对通用设计问题的方案解决类型，但这并不意味它们总会以同样的方式再现。在《模式语言》中，每一个模式都附有一段简短的文字描述用以解释其优势，并且通常还会另附图解。每一种模式都必须与其他模式有所关联：它们隶属于更高层级的模式，同时也包含着更低层级的模式。根据亚历山大的说法，这种方法具有等级性，人们必须首先选择一个初始模式，并在此基础上进一步明确其他模式。

1980年，亚历山大受邀为奥地利林茨（Linz）的一座大型展览馆设计一个咖啡厅。他声称在设计中应用了《模式语言》253个模式中的53个，但他并未指明哪一个是其中的初始模式。或许我们可以将第88号模式"街头咖啡厅"（Street café）作为起点（图4-9）。

这个图解提出咖啡厅应该朝向街道并将其作为关注的焦点与舞台，然而在本例的场地中并没有城市街道。亚历山大应用第101号模式"建筑中的拱廊"（Passage through a building⊖），将线性展览建筑的内廊转译为一种街道，并将其作为真实街道的替代（图4-10、图4-11）。

根据亚历山大的说法，设计的过程开始于对基本功能模式与场地特性的考量。在林茨咖啡厅的设计中，他意识到咖啡厅应该面向午后的阳光与河流，而且应该具备足够的高度以充分享受河流景观。

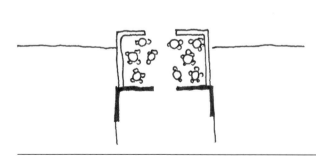

图4-9 克里斯托弗·亚历山大，模式88号

⊖ 在《模式语言》英文原本中，101号模式用词与本书不同，记为"Building Thoroughfare"。——译者注

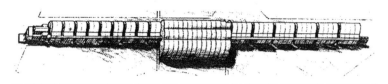

图4-10 克里斯托弗·亚历山大，展览馆尽端的林茨咖啡厅

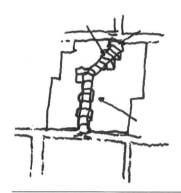

图4-11 克里斯托弗·亚历山大，模式101号

亚历山大进一步应用了第163号模式创造了一个公共空间，该空间部分由屋顶限定而部分由墙体限定。同时，他应用第161号模式来引导该空间朝向阳光，并应用第176号模式在绿地环境中设置了一片就座休息区域。

亚历山大认为咖啡厅入口的设计格外成功。他应用了第110号与第130号模式，将入口置于从主干道出发便既可见又可达的位置，并辅以醒目的形式。此外，入口区域既包含着室内的部分又包含着室外的部分。

正如林茨咖啡厅一例所示，模式语言拥有许多开放的选择，其中亚历山大本人将情感与氛围特质作为自己决策时最为关键的依据。我们需要谨记的是，亚历山大的模式并非放之四海而皆准，而仅仅再现了根植于地中海—加利福尼亚地区中产阶级社群文化中的一种完美生活的想象。在此之外许多其他的模式仍然是值得考虑的，一个尤为重要的挑战则是如何针对问题中的关键部分提出整合性的方案，从而实现一个和谐的整体。

5 先例

5.1 类型学

虽然亚历山大声称模式可以被无限次地重复使用并表现为彼此不同的具象形式，另外一些建筑师仍在尝试追求更为严格明确的解决方案。大约在1800年，让-尼古拉-路易·迪朗（Jacques-Nicolas-Louis Durand）提出了一种类型学理论（Typological theory）：其将建筑视为在正交构图体系中对既定的系列元素（柱子、入口、楼梯等）进行组织的艺术，其目标是实现简约且经济的设计方案。在迪朗的构图设想中，柱子置于交点处，墙体置于轴线上，而开口则应处于模块的中心位置。迪朗的图形公式（Formule graphique，即Graphic formula）可以被视为后世建筑标准化设计与预制建造的先声。

然而，多数类型学理论家针对类型提出了不同的理解：他们认为应该在一定程度上允许标准元素的变体存在。总体而言，类型学是对建筑（或建筑中的一部分）基于相似性的分类，它同时涉及形式层面与功能层面。例如，一座巴西利卡教堂属于一种通过线性平面进行组织的类型，它包含一座中厅，以及两条或四条侧廊，侧廊对中厅成拱卫之势并稍低于中厅，从而使得光线可以通过高侧窗洒入中厅。这种类型已经流行了数百年，现在已有数千座彼此不同但无不属于巴西利卡类型的教堂。

20世纪60年代，以阿尔多·罗西（Aldo Rossi）为代表的建筑师们将类型学作为一种设计方法进行了复兴。罗西钟情于化简本地乡土与古典传统的结构与空间类型，并坚称这种类型既是我们理解环境的途径，亦是当地集体记忆的彰显。罗西始终坚信类型是一种概念构造，而绝无可能等价于某个建筑的具体形式。然而他在建筑设计中常常使用纯粹的形式来呈现基本的类型，而不论其尺度与功能如何。于是我们可以看到一种八角形塔楼的形式被不断再现，在意大利的布罗尼中学（Secondary school in Broni，1970年）中，在罗西著名的与船体相结合的威尼斯世界剧场（Teatro del Mondo，1979年）中，以及在为阿莱西（Alessi）所做的咖啡壶设计"圆锥曲线"（La Conica，1982年）中。布罗尼中学的入口采用了一种经简化后的古典神庙立面，上面还嵌有一个时钟。这个设计相似的形象出现在罗西为热那亚（Genoa）所做的一座大剧场（1990年）中，一座小型的沙滩更衣室中，以及另外一个展览厅中（图5-1~图5-3）。

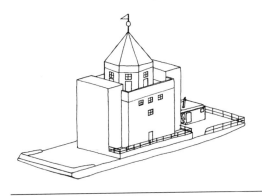

图5-1　阿尔多·罗西，威尼斯世界剧场

图5-2　阿尔多·罗西，布罗尼中学

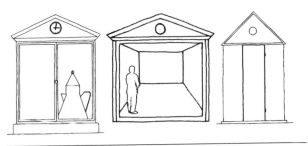

图5-3　阿尔多·罗西，类似形式出现在咖啡壶、展示柜与剧场舞台中

另一种更为传统的"类型"认识强调其灵活性。在19世纪初，安托万-克里索斯托姆·卡特勒梅尔·德·昆西（Antoine-Chrysostôme Quatremère de Quincy）对模型与类型进行了区分："模型是应该被原样复制的对象，而类型则是艺术家们创作时所遵循的内容，在不同作者的不同创作之间并不会有明显的相似性。在模型中，一切都是被精确定义的；而在类型中，一切都是相对模糊的。"罗西固定的形式清单可以被视为模型，而大多数具有类型学倾向的建筑师则会对类型的可变性及其与历史和社会情景的联系有所兴趣。

詹姆斯·斯特林（James Stirling）在德国斯图加特所做的新州立美术馆（Neue Staatsgalerie，1978—1983年）是后现代主义类型学设计中的代表性作品。斯特林并不试图去追求将建筑形态化至最简，反而选择了将两种独立的基本类型糅合成为一个无法清晰归类的整体。一方面，该建筑的平面组织——一种包纳圆形中庭的矩形平面——不免会令人想起卡尔·弗里德里希·辛克尔（Karl Friedrich Schinkel）通过柏林阿尔特斯博物馆（Altes Museum，1823—1830年）的设计所确立的博物馆类型。在新州立美术馆前街栽植的树阵再现了辛克尔设计中的爱奥尼克柱廊。另一方面，斯特林在设计中通过坡道与街道的连接则指向了另外一种类型，这种类型曾明确彰显于帕莱斯特里纳（Palestrina）的命运女神初生神庙（Temple of Fortuna Primigenia，公元前80年）（图5-4~图5-6）。

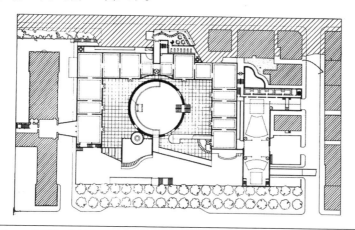

图5-4 詹姆斯·斯特林，斯图加特新州立美术馆

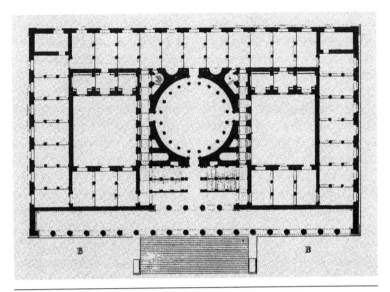

图5-5 卡尔·弗里德里希·辛克尔，柏林阿尔特斯博物馆

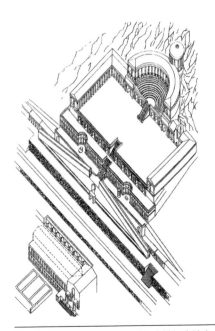

图5-6 位于帕莱斯特里纳的命运女神初生神庙

图5-7　勒·柯布西耶，朗香教堂

　　将明显冲突的类型结合起来的理念一直都很流行。伊斯坦布尔的圣索菲亚大教堂（Hagia Sophia in Istanbul）同时是一座巴西利卡、一座十字形教堂，以及一座中心集中式的万神殿。与之类似的，由巴尔塔萨·纽曼（Balthasar Neumann）在德国利希滕费尔斯（Lichtenfels）附近所做的十四圣职者大教堂（Pilgrimage Church Vierzehnheiligen，1743—1772年），将纵向延伸式的平面与集中式的平面进行了结合：从入口看去，教堂似乎是一座带有侧廊的巴西利卡，然而当你步入室内更深处，柱廊则相对移向身后，从而展现出了一个以圣坛为中心的集中式空间。柯布西耶在法国所做的朗香教堂（1954年）中也进行了类似操作，教堂的一侧使用了纵向布局，另一侧则使用了十字形布局（图5-7）。

　　罗伯特·文丘里（Robert Venturi）的第一件作品，即他在宾夕法尼亚栗树山（Chestnut Hill，Pennsylvania）上所做的母亲住宅（Mother's House，1962年），可以被视为一套刻意制造的矛盾性构成。该设计的过程有着详细的记录，根据记录显示，文丘里十分乐于尝试新的想法，他接连不断地创作了十套截然不同的设计直至发现了这个被最终建成的版本。

　　母亲住宅的立面结合了常见的房屋形象与经典建筑结构的旁征博引：埃及塔架（Egyptian pylons）、巴洛克门户（Baroque portals）以及现代主义的水平条窗（Modernist ribbon windows）（图5-8）。立面

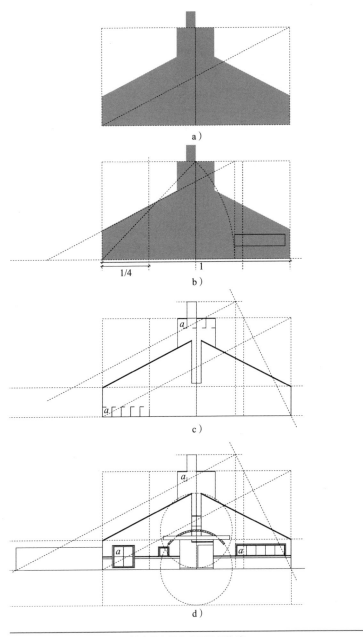

a）

b）

1/4   1

c）

d）

图5-8　罗伯特·文丘里，栗树山母亲住宅立面几何推演

的主体是对称的，并配有坡面的屋顶与巨大的烟囱，就像我们常常在儿童画中见到的那样。在立面的一侧，我们可以看到一个略带传统意味的方窗，而在立面的另一侧则是一个现代主义的水平条窗——这种形式即使放在柯布西耶的萨伏伊别墅中都不会显得不合时宜。入口上方的拱形暗指了一种隐藏的立面元素间内在关联：其两侧均有五个窗格，右侧窗格呈线性排列，左侧被分为一个独立的窗格与一个由四个窗格组成的大窗。拱形左侧落点正好触碰着那个独立的窗格，其暗指右侧缺少一个同样大小的窗格（图5-8d）。

在这个案例中，类型学与形态学方面的参照均在几何层面上受到控制。其立面可以被内嵌于一对正方形中，通过房屋侧墙与烟囱主体来确定位置（图5-8a）。如果我们将正方形的对角线向下旋转则可以限定出一个矩形，并可以同时确定窗户的位置（图5-8b）。屋顶的轮廓线则可以如此确定：先绘制由双正方形组成矩形的对角线，然后将这条对角线平行移至矩形的边缘（图5-8c）。

5.2　特定模型的转化

类型学也并非回应先例的唯一途径。建筑师也可以将特定的历史建筑作为设计的起点。路德维希·密斯·凡·德·罗（Ludwig Mies van der Rohe）1929年所做的巴塞罗那世博会德国馆便在很大程度上借鉴了建筑乃至于艺术领域的先例。评论家们指出，密斯式的平面——其墙体被作为独立元素布置在正交网格上，偶尔也会在较远处脱离网格——与风格派（De Stijl）的绘画有相近之处。巴塞罗那世博会德国馆的一些特征，例如开放的玻璃转角，又与弗兰克·劳埃德·赖特（Frank Lloyd Wright）的草原式住宅（Prairie House）有所关联。然而，或许古典的传统更为重要，德国馆（及其一旁水池）的平面再现了雅典帕提农神庙的比例，而这绝非偶然。此外，神庙的柱子与展览馆的墙体相对应，而神庙内殿的墙体则又与密斯的设计中的柱子相对应。再则，展览馆内的水池又遵循了神庙中内殿与后殿间的划分方式。德国馆中还有一座由格奥尔格·科尔贝（Georg Kolbe）创作的女性形象雕塑（1929年），它对应于帕提农神庙中的雅典娜女神塑像（Athena Parthenos）。在1929年的展览会中，这些古典色彩要比现今

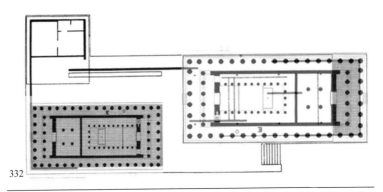

332

更加明显，当年我们可以透过一排独立的希腊式柱列看向密斯建筑的立面（图5-9）。

在引用先例的时候，一个关键要点是对其进行转化，而非直接去模仿其为人所耳熟能详的方面。先例的另一种使用方式可见于雷姆·库哈斯带领OMA事务所在巴黎附近的圣克劳德（St. Cloud）所做的达尔瓦亚别墅（Villa dall'Ava，1991年，图5-10）。与早期的别墅作品类似，库哈斯的达尔瓦亚别墅彰显了勒·柯布西耶的新建筑五点：底层架空、自由平面、自由立面、水平条窗与屋顶花园。然而在库哈斯的建筑中，各个元素被重组为一系列新的片段。由此，萨伏伊别墅中的底层弧墙在达尔瓦亚别墅室内的厨房墙体中得以再现。勒·柯布西耶的别墅几乎是一个正方形，而库哈斯的设计则在一个黄金比例的网格基础上，被继续细分了四次——遵循柯布式原则的控制线系统——以确定悬臂的尺寸。与此同时库哈斯对引用的元素进行了转化：屋顶花园被转化为一座游泳池，抽象的几何化灰泥抹面被替代为金属立面，柯布西多米诺体系（Maison Dom-ino，1914年）中的结构逻辑也在东侧卧室下方的底层架空柱列中被打乱重构。库哈斯对萨伏伊别墅的转化改造是有理有据的，正如柯布西耶在住宅设计中会以各种方式对先例——帕拉第奥的维琴察圆厅别墅——进行类似的转化。同样由OMA事务所设计的波尔多住宅（The Maison Lemoine，1998年）位于临近波尔多的弗卢瓦拉克（Floirac，near Bordeaux），

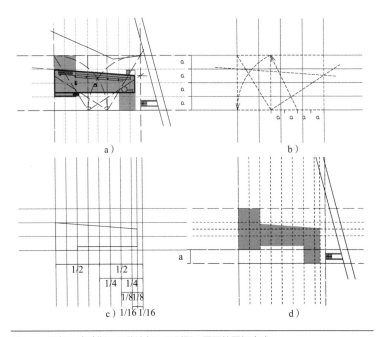

图5-10　雷姆·库哈斯，巴黎达尔瓦亚别墅，平面的图解生成

该建筑可以被视为萨伏伊别墅的另一变体。在萨伏伊别墅中，柯布西耶颠覆了文艺复兴时期的设计原则：实墙立于建筑的底层而独立的柱列立于建筑上方的主楼层（Piano nobile，即Main floor）。库哈斯则在波尔多住宅中颠覆了柯布式的设计原则：建筑的底层被置于地下，主楼层则被设计为全玻璃的，而建筑顶部（Corona aedificii，即Crown of buildings）则被转化为一个悬浮于空中的实体体量。在达尔瓦亚别墅中，先例通过多种方式得以转化——其中一些相对抽象，另一些则是更为直接的引用——而设计的结果则显示出了一种历史深度。

　　先例的选择不必拘泥于既有的建筑杰作。阿达尔贝托·里贝拉（Adalberto Libera）与库尔乔·马拉帕尔泰（Curzio Malaparte）在卡普里岛（Island of Capri）上建造的马拉帕尔泰住宅（Casa Malaparte，1940年）便部分地来源于这样一个先例：其中不同寻常的被缩短了的楼梯令人联想到利帕里岛（Island of Lipari）上的一座乡村教堂，马拉帕尔泰曾被流放至此（图5-11、图5-12）。

 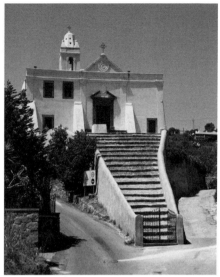

图5-11　阿达尔贝托·里贝拉，库尔乔·马拉帕尔 　图5-12　利帕里教堂
泰，卡普里岛上的马拉帕尔泰住宅

　　建筑师赫尔佐格与德梅隆（Herzog & de Meuron）常常会重复
使用他们之前发现的一些并无独特建筑价值的元素。故而，在瑞士
巴塞尔舒茨马特大街（Schützenmattstrasse in Basel）上的一座住宅
设计（1993年）中，他们使用了这座城市中的井盖设计作为灵感来
源——井盖上的图案被拉长与扩展，并转而被应用到了建筑的立面
上。另外类似的，他们在美国纳帕山谷（Napa Valley）中的多米尼斯
酿酒厂（Dominus Winery，1998年）设计中，转用了在阿尔卑斯山区
（Alps）常见的挡土墙系统。

6 回应场地

6.1 地域主义

就地域主义的实践而言，建筑师会试图去更多地采用来源于地区或国家层面的特征，而非局限于自身周边环境的范围。因此，当建筑师阿道夫·路斯（Adolf Loos）在奥地利的派尔巴赫山区（Mountains in Payerbach）设计库纳住宅（Khuner House，1929年）时，他选用了深色的木材作为建筑的墙体，尽管在城市环境中他总是会选择白色的灰泥（图6-1）。

在地域主义建筑中，我们会对当地的材料与施工尤为关注，这不止于审美上的原因，还因为在地传统中常常包含着已然经过实践检验的解决方案，而这些方案通常是可持续的，基于当地的气候、光线、条件、气温、湿度等条件完成了适应与优化的。哈桑·法赛（Hassan Fathy）是地域主义的先驱人物之一：在为埃及新古尔纳村（Village of New Gourna，1948年）所做的建筑中，法赛采用了如泥坯砖等的一些古老的建造方式，并利用密实砖墙与传统院落以实现被动式的降

图6-1 阿道夫·路斯，派尔巴赫山区住宅

图6-2　哈桑·法赛，泥坯建造　　　　图6-3　米科·海基宁与马尔库·科莫宁，埃拉别墅

温效果。在这些技术优势之外，对地域主义工艺的应用帮助法赛得以将当地工人（甚至包括当地居民）纳入设计与建造的过程中，从而以低廉的造价实现了令人印象深刻的效果（图6-2）。位于几内亚马里镇（Town of Mali，Guinea）的埃拉别墅（Villa Eila，1995年）是另外一个地域主义的当代范例，其设计者是芬兰建筑师米科·海基宁（Mikko Heikkinen）与马尔库·科莫宁（Markku Komonen）。该建筑对地处热带的西非海岸环境中的强烈光线与湿润空气做出了回应（图6-3）。

尽管路斯的库纳住宅在物质性方面效仿了传统建筑，但它省略了一些传统的特征，例如高屋顶的使用。在这种意义上，可以按照亚历山大·楚尼斯（Alexander Tzonis）、利亚纳·勒费夫尔（Liane Lefaivre）与肯尼斯·弗兰普顿（Kenneth Frampton）所称的"批判的地域主义"（Critical regionalism）来对比进行阐释。弗兰普顿预设了一个保守（Arrière-garde）的立场，并将自身抽离于前工业主导的时代与启蒙运动的进步神话。在他的分析中，批判的地域主义聚焦于当地的特殊性，并以此来抵抗资本主义现代化所带来的统一性。批判的地域主义拆解了其所继承的世界文化的整体谱系，并批判了普世性的文明。在一个更加具体的层面上，弗兰普顿建议建筑师们去以一种建构（Tectonic）的方式去使用当地材料——展示其真实建造的效果，而非去遵循国际现代主义那种抽象且泛泛的建造方式。

马里奥·博塔（Mario Botta）于20世纪70~80年代在瑞士提契诺（Ticino）地区所设计建造的房屋可以被视为批判的地域主义中的典型

图6-4　马里奥·博塔，利戈尔内托住宅　　　　图6-5　提契诺地区的传统建筑

案例。作为柯布西耶的学生，博塔在设计中采用了现代主义式的简单而抽象的几何形体，但通过颜色与材料将其与当地的建筑传统联系了起来。可以看到，他在其中很多房屋的设计中模仿了当地典型的条纹墙面（图6-4、图6-5）。

　　坐落于哥本哈根附近的巴格斯韦德教堂（Bagsvaerd Church）是弗兰普顿所定义的批判的地域主义中的一个关键案例，该建筑由约翰·伍重（Jørn Utzon）于1976年设计。通过这座建筑弗兰普顿阐明了一种在普遍文明与世界文化之间进行自觉性的综合的观念。建筑的混凝土元素外观似乎是一种理性的普世文明的表征，又在一定程度上呼应了谷仓一类的乡村实用建筑；而其内部有机形态的现浇混凝土拱顶不仅会让人想起西方的建构性规范，同时也暗中参照了一种东方性的先例——中国塔式建筑的屋顶。这让伍重得以同时摆脱了故作伤怀的"乡土风格[⊖]"（Heimatstil，英译Home Style）与教会经典的当代刻奇（Kitsch），从而为世俗化年代中的精神性建筑提供了一种地域性的基础。

⊖　此处所指的"乡土风格"是在19世纪下半叶到20世纪上半叶流行于德语区的一种建筑风格，其特点是在立面和雕刻梁架上使用木材，并与突出的或凿毛的石材相联系。——译者注

6.2 文脉主义

地域主义并非回应场地的唯一方式。后现代主义建筑师们，例如奥斯瓦尔德·马蒂亚斯·昂格斯（O. M. Ungers），会选择去绘制一种关于环境的形态学抽象图解（坡顶角度、窗户轴线、材料质地等），并尝试以类似的特征去重新组合一套新的构成。昂格斯于1978年在德国希尔德斯海姆（Hildesheim）所做的市政厅项目便是一例。

汉斯·霍莱因（Hans Hollein）在维也纳设计的媒体中心大厦（Media Tower，1994—2001年）是一个更为直接的文脉主义（Contextualism）的案例。与类型学设计不同，该建筑并未选择顺应维也纳的街区类型，而是将一系列独特元素混合拼贴在了一起。高耸的玻璃塔楼对于场地是一种特例，但其塔身立面在色彩、比例与门窗布局（Fenestration）方面对周边建筑进行了模仿。除调整建筑表皮以适配环境之外，霍莱因还在建筑体量中拉伸出一个奇特的倾斜的玻璃盒体，并将其用作街角吸引注意力的焦点（图6-6、图6-7）。

图6-6　汉斯·霍莱因，维也纳媒体中心大厦

图6-7　汉斯·霍莱因，媒体中心大厦与邻近立面相呼应

理查德·迈耶（Richard Meier）则以一种更为抽象的方式，基于场地（图6-8a）推演出了他在法兰克福所做的应用艺术博物馆[⊖]（Frankfurt Arts and Crafts Museum，1980—1984年，图6-9）。其设计起点是一座建造于19世纪的旧有别墅，迈耶以其为模数定义了一个4×4的网格。从这套网格出发，迈耶通过将角部的方格隔离而建立了一种"城堡"（Castello，即Castle）类型，其中既有的老建筑作为四个"角塔"之一。四个"角塔"的布局限定出两条主要的轴线——迈耶将其定义为步道，从而形成了一个四方格（图6-8b），而进一步的具体构成则更为复杂与含混（图6-8d）。

新的建筑体量形成了一个L形，将旧有建筑框定于一个特殊的角落（图6-8c）。这种L形的构成可以被视为将两个主轴线从中心推向更西南的方向的原因（图6-8e）。同时，还有一些其他的特殊元素也在竞争构成中的视觉关注。其中之一是位于入口轴线终点处的合院。柱廊内部的宽度虽与模数一致，但其辅以环绕在外的回廊将使得开放空间变得更加宽敞。合院的宽度是建筑宽度的三分之一，这暗示了一个以虚空（Void）为中心的九宫格构成，故而建筑的开放空间也成为构成中的一个片段。第三种特殊的元素则是塑造了博物馆入口的圆形部件。

将各元素联系起来阅读，便能发现它们还定义出一个能够适配最原始方格大小的圆形（图6-8f）。至于建筑整体上的碎片化特征则源于迈耶所引入的文脉变形（Contextual inflections）操作。沿着绍美因凯街道（Schaumainkai street）的方向向西，迈耶以建筑东侧的大门为圆心，将网格旋转了3.5°。同时，为了回应河流东侧的另一处弯曲，他也对平面图进行了反向旋转。

丹尼尔·里伯斯金（Daniel Libeskind）所做的柏林犹太人博物馆（Jewish Museum in Berlin，1989—2001年）便是一个以解构主义

⊖ 书中原文为Arts and Crafts Museum，直译为工艺美术博物馆，而该馆德文原名为Museum Angewandte Kunst，英文直译应为Museum of Applied Arts，即应用艺术博物馆，而这也是国内更为常用的译称。故此处按照"应用艺术博物馆"翻译。——译者注

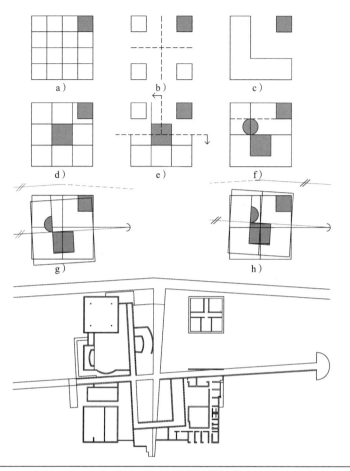

图6-8 理查德·迈耶，法兰克福应用艺术博物馆平面的图解生成

图6-9 理查德·迈耶，法兰克福应用艺术博物馆立面

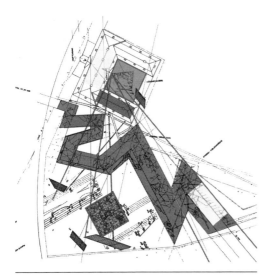

图6-10 丹尼尔·里伯斯金，柏林犹太人博物馆平面图解

（Deconstructivist）操作来回应文脉的案例。尽管建筑师在自己职业生涯早期曾使用过类似的闪电形态，而且该形态的灵感源泉或来自迈克尔·海泽（Michael Heizer）的大地艺术系列《内华达九大深坑》（*Nine Nevada Depressions*，1968年）中的首个作品《裂痕》（*Rift*），但在此处，该建筑的复杂形态旨在回应其周边环境，其中一座巴洛克式的老博物馆尤其重要，新博物馆的建设起初被视作其扩建延伸。

巴洛克艺术通常强调对角线与放射式延伸，因此，里伯斯金将建筑设计得蜿蜒曲折以使其众多侧墙汇聚于其老建筑背立面处的中心。新博物馆建筑的两种不同宽度也源自于旧馆，分别是其侧翼包含或不包含走廊的尺寸。同时，里伯斯金还完全依照旧建筑中庭院的尺度设计了霍夫曼花园（E. T. A. Hoffmann Garden）。另外，在整体构图中，存在一条轴线贯穿了新博物馆，将其切分为几个部分，并制造出一些不可达的空洞；位于博物馆外部的轴线分段则呈现为被移位的独立实体（图6-10）。

Generative processes

7 生成性过程

7.1 叠合与放缩

自1969年纽约现代艺术博物馆（MoMA）的展览起，理查德·迈耶（Richard Meier）便被归入了被称为"纽约五人组"（New York Five）的建筑师团体。团体中的另一位建筑师彼得·埃森曼（Peter Eisenman）则尝试了更为严格与复杂的设计方法。哲学家雅克·德里达（Jacques Derrida）宣称没有任何意义是稳定的或可决策的，也无任何系统是封闭的或纯粹的，作为对此宣言的回应，埃森曼发展了一系列设计方法——严格地讲，他是为每一个项目分别发展了一种设计方法——这些方法同时涉及形式层面的议题与非建筑层面的信息。

放缩（Scaling）便是一类典型的埃森曼式的技术。放缩这个术语来源于分形几何（Fractal Geometry），对于埃森曼来说，这个术语类同于德里达的解构（Deconstruction）概念，即：结构的拆解拓展了概念结构的界限。在分形中，相同或相似的图形会在不同尺度上被重复生产，而且没有任何尺度会被认为较其他尺度而言更为真实或更为基本。这种原初尺度的缺失对埃森曼而言独具魅力，因为这恰恰导向了德里达的论断——意义并无任何原初的来源。与其他一些建筑师不同，埃森曼从未直接将分形图形本身应用于他的设计之中，而是选择将一些不同尺度下的图纸叠合覆盖在一起，这种手法可见于他所做的法兰克福大学生物中心（Biocenter at the University in Frankfurt am Main，1987年）。他会从那些来源于不同原始图像的片段中抽取出复杂的线条网络以构成相应的图形，但从未新画任何线条（图7-1、图7-2）。

由埃森曼与理查德·特罗特（Richard Trott）共同设计建造的第一座大型解构主义建筑——坐落于俄亥俄州哥伦布市的维克斯纳视觉艺术中心（Wexner Center for the Visual Arts in Columbus，Ohio，1983—1989年），通过叠合与放缩的操作质疑了传统的文脉主义观念。这座建筑并不回应其周边环境——俄亥俄州立大学校园中的建筑，而是选

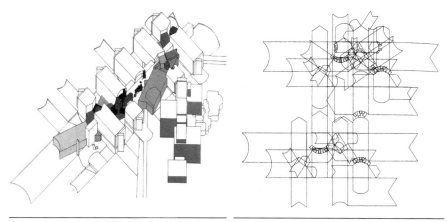

图7-1 彼得·埃森曼，法兰克福大学生物中心图解

图7-2 彼得·埃森曼，该平面由DNA 的碱基——腺嘌呤、胸腺嘧啶、鸟嘌呤和胞嘧啶——的符号叠加生成的

择在空间上或时间上回应那些遥远的物理条件，就如同清真寺会选择朝向其圣城麦加。在维克斯纳视觉艺术中心的形态方案中，城市的街道网格被引入了校园网格系统中，并进行了12.25°的偏转，而建筑的位置及其主要轴线显然与几个街区之外的橄榄球体育场明确相关，甚至在哥伦布市以西80英里[⊖]之外与其他参照相呼应：在场地的北端，两套城市网格体系的交汇制造了一种复杂性，埃森曼称之为"格林维尔痕迹"（Greenville Trace），这其实是杰弗逊网格（Jeffersonian grid）的一处断裂错位，源于两组测绘人员从俄亥俄州州界的相反两端出发进行标绘，从而导致在交界处出现了一英里的误差。埃森曼虽然在场地中模仿了旧有的建筑，但也与其保持了一种时间上的距离：在19世纪时期校园中有一座"老军械库"，其在1958年被拆除。在埃森曼的设计中，后现代主义的塔楼再现了这种形式。这些原始材料以图解的形式被记录下来，并被放缩至四个不同的尺度后叠合了起来，从而形成了一个复杂的编织图形。埃森曼从中筛选了一些线条，以再现建筑原型中的片段（图7-3~图7-5）。

⊖ 1英里=1609.344米。——译者注

图7-3 彼得·埃森曼与理查德·特罗特，维克斯纳视觉艺术中心的总平面呈现出指向橄榄球场的轴线

图7-4　俄亥俄州立大学校园中的老军械库（左）与新的维克斯纳视觉艺术中心

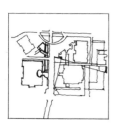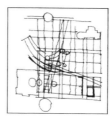

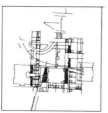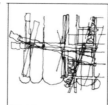

图7-5　彼得·埃森曼，维克斯纳视觉艺术中心，设计图解

7.2　变形、折叠与动态形式

在叠合与放缩之外，埃森曼还尝试了其他对图像进行操作的方法。在20世纪80年代末，成本可控的软件程序推广了图形操作的技术。选择两幅或更多的图像并选取各自图像中的关键点，便可以实现图像与图像之间的相互转化；转化过程中的关键点通常会被再现于设计中，而原始图像中的特征往往已经不可辨识了。与之相似，UN Studio建筑事务所也曾采用类似的设计方法，其创始人本·范·贝克尔（Ben van Berkel）与卡罗琳·博斯（Caroline Bos）还常常在论述中引用艺术家李小镜（Daniel Lee）的作品《十二生肖》（Manimal），作品中呈现了一系列人类面孔与动物脸孔（如狮子、蛇等）的融合形象。

如果以一种更为严肃的方式进行讨论，变形这种操作与生物学家达西·温特沃斯·汤普森（D'Arcy Wentworth Thompson）的工作关联密切，他在1916年提出：仅仅将有机形态视为对欧几里得几何学的偏离而漠视其间相似性的心理倾向将会成为科学的形态学在发展道路上的阻碍。建筑师格雷戈·林恩（Greg Lynn）在卡迪夫所做的威尔士国家歌剧院竞标方案（Welsh National Opera House，1994年），便是通过核心形式进行变形生成的一个典型案例。

折叠是另一种技术，有时可以将其直接理解为折纸——如埃森曼在法兰克福所设计的莱布斯托克公园（Rebstock Park，1991年）项目——另外有时则会被理解为对于突变理论（Catastrophe theory）或混沌理论（Chaos theory）的一种应用（图7-6、图7-7）。

最初，勒内·托姆（René Thom）发展的突变理论被用作一种用数学来描述生物形态发生的方法。特别是在20世纪90年代埃森曼的一些追随者试图将这些理论应用于建筑形式的生成。例如格雷戈·林恩便发展了一种"动态形式"（Animate form）：通过对外部信息（例如光照条件的变化）的映射来生成在建筑中突现的、意想不到的、无法预估的、动态的与新颖的组织。

格雷戈·林恩的未建成作品维也纳氢能屋（Hydrogen House，2001年）背后的主要理念之一是：通过计算机生成平滑的样条曲线，进而生成连续的拓扑表面，进而在该表面上记录车辆与太阳的运动轨迹。这与19世纪末艾蒂安-朱尔·马雷（Étienne-Jules Marey）所做的延时摄影十分类似，氢能屋通过组织线性的形式变化以暗示运动。这种形式的"动态"并不是指建筑物要真的移动起来，而是指其表面映射了在环境中存在的运动情况（图7-8）。

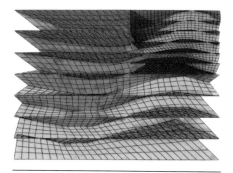

图7-6 彼得·埃森曼，莱布斯托克公园，场地折叠的图解

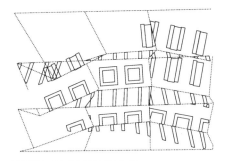

图7-7 彼得·埃森曼，莱布斯托克公园，体量折叠的图解

图7-8 格雷戈·林恩，维也纳氢能屋模型

图7-9　MVRDV事务所，纪念碑行动2，阿姆斯特丹

7.3　数据景观

MVRDV事务所的合伙人——荷兰建筑师威尼·马斯（Winy Maas）在建筑方法中发掘了另一个方向的生成源泉，他称之为"数据景观"（Datascapes）。这个概念整合了解构的系统与设计研究的途径，常常还带有一丝讽刺的意味。

数据景观的理念是要在极端的技术理性与对现代主义的讥讽批判之间取得一种微妙的平衡。马斯以荷兰的建筑法规为出发点，同时将消防路线、噪声分布，抑或是垃圾清运系统转化为设计。其规则与限制被设定并以严整的逻辑被推演直至归谬（ad absurdum）。其意图是要在纯粹而无法预期的形式中呈现一种规则，以超越艺术直觉与既有几何形态。

MVRDV事务所在1996年所做的设计纪念碑行动2（Monuments Act 2）是一个很好的案例。其设计议题是如何将阿姆斯特丹的老城中心变得更加密实，从而避免人们在街道上看到新建的建筑。在一个密度为0.8的典型18世纪街区的内庭院中最大限度地填充体量，并按照周边街道的视线要求对该体量进行切削。最终在街区中央所形成的体量实现了之前十倍的密度——令人惊讶的7.8。显然，这种数据景观并非寻常的设计方式：这个体量仅仅满足了一种单一参量（从街区出发的不可见性），同时还有意忽略了其他所有的法规性要求与功能性需求（图7-9）。

7.4 图解

在解构方法与数据景观之外，本·范·贝克尔与卡罗琳·博斯还推荐对于图解的使用，即一种关于组织、关联与可能世界的抽象思考方法。遵循吉尔·德勒兹（Gilles Deleuze）的思想，他们解释道：图解或抽象机器不是再现性的，其并不表征一种既存的物体或场景，而是在生成过程中呈现的一种工具性。他们使用了许多不同类型的图解，包括流程图、乐谱、工业建筑示意图、技术手册中的电器开关图、绘画的复制图，或是一些其他的随机图像。不论其起源如何，贝克尔与博斯将这些图解解读为基础设施性的运行映射。

荷兰的海特霍伊（Het Gooi）地区的莫比乌斯住宅（Möbius House，1997年），体现了贝克尔与博斯用作设计起点的图解中的一些特质，其中包括一幅保罗·克利（Paul Klee）的画作。于是，该建筑中的流线也就如克利的图解一般，蜿蜒进出。建筑的名称则暗指了另一幅不同的图解——莫比乌斯环带——一种只有一个面的拓扑表面。制作莫比乌斯环带的物理模型也十分简单，只需要将一条长纸带的一端翻转并与纸带的另一端相连即可。然而，贝克尔与博斯并没有直接复制莫比乌斯图解中的拓扑性质，而是将其转译为一种辩证的突变状态。在莫比乌斯住宅中，立面成为内墙，玻璃与混凝土则在每个转角处交换位置；在内容计划层面，工作与休闲相互联系；在结构层面，承重结构则与非承重结构相互转化。

莫比乌斯住宅被构想为一种24小时的生活、工作和睡眠循环。两条相交织的路径包含其中，勾勒出作为住户的两人是如何在共同居住的同时又各自独立生活、在各个公共空间中相互交往的（图7-10、图7-11）。

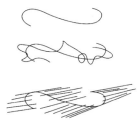

图7-10　UN Studio建筑事务所，保罗·克利的图纸成为莫比乌斯住宅的图解

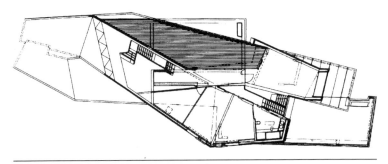

图7-11　UN Studio建筑事务所，莫比乌斯住宅

　　建筑师与理论家道格拉斯·格拉夫（Douglas Graf）发展了一整套基于非再现性图解概念的设计理论。对格拉夫而言，图解是一种用以定义建筑构成（Composition）的协调性方法，其一方面作用于特定建筑的固有特质与构成设计理论的一般建筑特质之间，另一方面作用于组构（Configuration）的静态与操作的动态之间。为了理解格拉夫，这里需要讨论一个具体的案例，即他对于弗兰克·盖里（Frank Gehry）的未建成作品"家之家"（Familian House，1978年）的解读。格拉夫无意重构盖里的设计意图，而是澄清了该建筑平面所呈现出的中心与边缘间的互动，以及开放与封闭间的博弈（图7-12）。

　　"家之家"包含了两个主要的元素，一个方形体量与一个条形体量。方形体量可以被视为中心，条形体量则是对中心进行限定的边缘。我们首先来深入探究条形体量。一条无限长度的直线可以被看作由无数个完全相同的点构成，而一条有限长度的线段则并非如此：其两端断点与其他点不同，它们暗示了中心的存在（图7-13a）。

　　盖里设计的条形体量确认了这种存在于线性结构中的性质差异。他通过一个开口（Void）标记了条形体量的中心，并通过不同的处理手法将关注点吸引至体量的两端：一端被设计为完美封闭的，另一端则被设计为开放的，甚至可以说是破裂的（图7-13b）。这种开放与封闭的对立也在条形体量较长的两侧被再现：其朝向方形体量的一侧是平滑且封闭的，而另一侧则突显了多个元素向外悬挑而出，如阳台与楼梯。这些悬挑元素定义了一个新的层次，以回应并暗示条形体量的

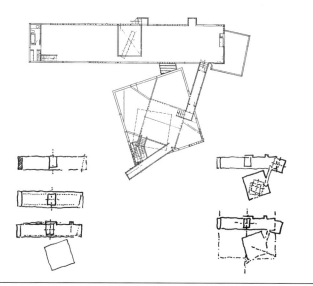

图7-12　弗兰克·盖里，家之家，建筑上层平面

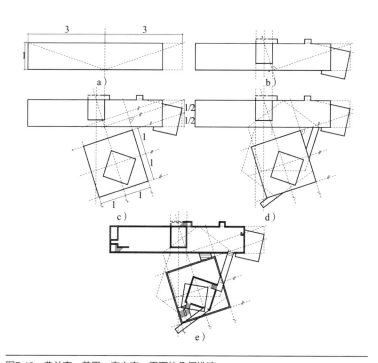

图7-13　弗兰克·盖里，家之家，平面的几何推演

内部层次——其显然会与一个内廊相关。其后，盖里建立了一种相对于中厅的对称性的组织，而又通过进一步操作来破坏这种对称性。条形体量末端的平台以立方体形态呈现（图7-13c），并通过白色材料的围合形成一个方形的构筑物（图7-13d）。

与盖里作品通常的特质不同，家之家的设计呈现出一种连贯的几何布局。其天桥与方形体量扭转的角度看上去是随机的，实则来源于一个正五边形。通过绘制两个完全相同的正五边形，我们可以将方形体量与条形体量及其中厅联系起来。如果将条形体量的延伸部分考虑在内，那么其中轴线将与方形体量的中轴线相交会。中厅与条形体量末端的阳台相对应。条形体量的宽度与长度也具有同样的比例关联：半个条形体量的对角线与方形体量的边线相平行（图7-13e）。

家之家的风格或形式语言表现出了盖里解构主义的独特风格，但设计所表达的是在建筑学中绵延不断的主题。格拉夫论述称类似的问题与答案也会出现在其他设计之中，例如帕加马上城（Upper City of Pergamon）与柯布西耶的朗香教堂（1954年）中。中心突现（Emergent center）、双核结构（Bi-nuclearity）、边界与实体（Edge vs. object）、对称性及其破解（Symmetry and its denial）：诸多相同的形式母题在不同尺度下被持续地探索。

7.5 参数化设计

在参数化设计中，通过对一组独立的参数进行选择，并依据特定标准推动其进行系统性变化，便可以超越单独结果的设计，而实现一系列方案变体的生成。通常而言，这些参数会被赋予几何性的诠释。

由几何驱动的形态生成（Morphogenesis）通常只在近期计算机辅助设计系统的语境下进行讨论。然而，早在本书所涉及的时代早期，便已有关于类似想法的探索。安东尼·高迪（Antoni Gaudí）不仅构想了奇特有机的形态，还像当今的设计师一样，利用理性的方法发展并优化了这些形态。高迪进行参数化设计的最佳案例是他著名的悬挂模型，由线绳及其配重构成，用以推敲巴塞罗那附近的古埃尔领地教堂（Colonia Güell Chapel，1898—1915年，图7-14）。

图7-14 安东尼·高迪，古埃尔领地教堂地宫立面　图7-15 埃罗·沙里宁，美国圣路易斯拱门

　　为理解这种方法的工作原理，我们需要了解一些关于悬链曲线的知识。设想一个完全柔韧且十分均匀的绳索被悬挂于其两个端点，受且只受重力作用，那么便可以将该绳索的形态理解为悬链曲线。粗略地说，这种形态是悬索桥的特征，例如美国旧金山的金门大桥（Golden Gate in San Francisco），其道路荷载均匀地由上方的悬索所承担。在悬链曲线系统中的绳索中只存在张力。那么如果将该形态进行倒置，则会形成仅仅存在压力的拱形形态。换言之，材料所带来的重力将会顺延曲线传递，而不产生侧向的推力。由埃罗·沙里宁设计的美国圣路易斯拱门（Gateway Arch in St. Louis，1947—1966年）的形态，便十分接近于悬链曲线（图7-15）。

　　尽管悬链线拱并不会产生会致使其破坏的侧向推力，但它仍然只是一个二维结构，在受到如风力等外部影响时很容易发生侧向倾倒。因此，在建筑的语境中，悬链线拱常常沿水平向延伸以形成一个拱顶，例如伊朗泰西封（Ctesiphon）的大拱门（Great Arch，400年，图7-16），或者沿其中轴进行旋转，从而形成悬链曲面拱顶（Catenoid dome），例如由克里斯托弗·雷恩（Christopher Wren）在1673年设计的伦敦圣保罗大教堂（St. Paul's Cathedral）内部的拱顶。

　　高迪希望利用悬链曲线为教堂创建一个理想的三维结构。在古罗马建筑中，拱券（Arch）、拱顶（Vault）以及穹顶（Dome）通常是基于圆形的。后来哥特石匠们发觉通过将拱券或拱顶做得更加尖锐，可

图7-16　呈现为悬链线拱顶的泰西封大拱门　　　　图7-17　安东尼·高迪，悬链曲线构成的悬挂模型

以减少侧向推力，从而实现用更少的材料来支撑相同的跨度。当然，哥特式的尖拱尖券也并非完美方案，为抵消其侧向推力，仍需在建筑外部添加飞扶臂（Flying buttresses）等结构。悬链线拱，或由其构成的拱顶或穹顶，则完全不需要外部的支撑系统。

　　高迪巨大的（4米×6米）悬挂模型是基于悬链曲线的。高迪将其初始设定为一个没有负重的绳索系统，之后开始调整其长度、连接点，以及悬挂配重等。每增加一个连接点或配重都会彻底改变其整体的形状，就像今日的参数化设计一样。高迪将各类组构配置的情况进行了拍照记录，并根据他所追求的空间效果来做出其最终选择。即使是在没有计算机的时代，通过这种方式高迪能够以一种极为精确的方式来构想极为复杂的表面，同时确保该模型在倒置后形成一种仅受压力的几何形态（图7-17）。

　　高迪的悬挂模型是一种在给定平面类型的基础上实现的结构优化方法，而由法西德·穆萨维（Farshid Moussavi）与亚历杭德罗·柴拉波罗（Alejandro Zaera-Polo）主持的FOA建筑师事务所（Foreign Office Architects），则选择了在横滨国际客运中心（Yokohama Port Terminal，1996—2001年）的设计中去探究三种要素的互动：内容计划、城市文脉以及建筑材料的特质。因为该建筑其实是一座船舶码头，建筑师便主要从流线出发进行内容计划。通常来说，交通建筑是城市进出的门户，但FOA建筑师事务所却希望将其定义为一种没有固

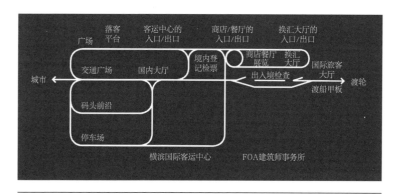

图7-18　FOA建筑师事务所，横滨国际客运中心

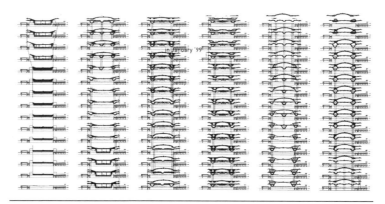

图7-19　FOA建筑师事务所，横滨国际客运中心系列剖面

定的方向定义的运行场所。他们将行人、车流、货运，以及其他种类的流线进行分离，并各自编入一套循环系统（图7-18）。

　　建筑师的另一个关注点是去创造一个介于庇护所与码头之间的混合体，通过对地平面进行操作来创造空间的围合。因此，其建筑形态仿佛是将原始码头进行折叠从而生成的多层结构，以一种有机的方式从地面生长而出。第三项任务则在于考察混凝土与玻璃材料在结构层面上的可能性。其中尤其重要的问题是其跨度与悬挑的可能范围（图7-19、图7-20）。

　　在参数化设计中，建筑师并不会强推一个自上而下的建筑形态，而是会自下而上地进行参数的计算累积，从而促使一个意想不到的形

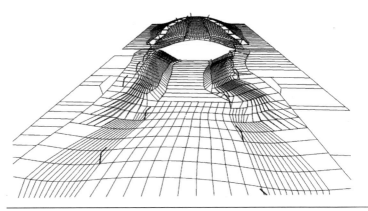

图7-20　FOA建筑师事务所，横滨国际客运中心底层平面

态从计算机算法中诞生。这种设计过程的计算化会产生一些额外影响。建筑师不会再去设计一个对象个体，而会选择去定义一种基本的建筑类型，从而使之可以适应于特定文脉，同时也可以根据不同客户的要求进行修正。由卡斯·欧斯特豪斯（Kas Oosterhuis）在20世纪90年代末提出的自动可变住宅（Variomatic House）便是一例。客户可以通过一个类似游戏的界面进行住宅的自定义设计，其定制方案的规格参数则会被直接发送到负责建筑构件生产的公司。参数化设计可以整合大规模的个性化定制与计算机支持的数控建造，从而将工业化生产的成本优势与对客户具体需求的响应结合起来——过往，面向个体定制其实是传统建筑设计的特征。通过在对建筑进行塑造的过程中引入客户的积极参与，参数化方法开启了建筑设计的一个新篇章。

8　结语

　　不同的设计任务需要不同的应对方法。当一个新的住宅街区被置入旧城结构的时候，采用一种与文脉相协调的方法显然是合理的。相较而言，类似于超现实主义或解构主义方法的随机系统则往往会生成一些惹人注目且成本高昂的非常形态。当项目需要一个低造价的可实施方案，那么模数的方法将会是一个具有前景的选择。面对某种容易令人困惑的内容计划，依据某个类型或先例进行转化再造的方法，则可能更容易得到用户的理解。如果可以为建筑的使用者提供合适的参与设计决策的工具，那么设计过程中的使用者参与也将推动优秀成果的创造。在面临一系列具有相似元素的多方案比较的时刻，参数化设计则将会是最有说服力的手段。总体而言，每一种方法都具有其各自的优势与局限性。

　　直觉显然是设计方法的一种。一些建筑师——例如赖特——曾经吹嘘自己曾在梦中获得了具有完备细节的设计。无论这真实与否，仅凭灵感进行设计显然是不够的。按照哲学家卡尔·波普尔（Karl Popper）的观点，我们可以以将发现（Discovery）与确证（Justification）区分开来。于是，艾萨克·牛顿（Isaac Newton）对于万有引力的提出，虽然缘起于一颗苹果砸在他脑袋上，但其真正的关键则在于该理论能够被事实与其他理论所确证，而牛顿是那个发现者。正如路易·巴斯德（Louis Pasteur）1854年的名言：机遇偏爱有准备的头脑。

　　我们所称为直觉的东西，也常常会被描述为专长（Expertise），只有那些能够内化其领域知识，从而不假思索地快速推导正确结论的人才可能做到。在这种意义上，无论建筑师是否使用某种特定方法，直觉都是不可或缺的。本书前述的那些方法将会为您提供一些具体的设计工具，帮助您跨越等候灵感降临的绝望，而得以着手进行各种复杂的设计。当然，这些方法无法自动辨别真正优秀的设计，为了明辨设计方案的优劣，建筑需要内化建筑学中的理论论述并理解建筑在社会中所扮演的角色。这种理解便是对建筑学专长的建构。

图片来源

图2-15，2-16，5-1，5-2，5-3，5-8，7-3，7-12，7-13：斯蒂芬·阿贝舒博（Stefan Arbeithuber）绘制

图 1-20，5-11，5-12，6-1，6-2，6-3，6-6，6-7，7-15，7-16：卡里·乔马卡（Kari Jormakka）摄影与绘制

图 1-19，5-10，6-8，6-9：克劳迪娅·基斯（Claudia Kees）绘制

图1-1，1-5，1-10，1-14，3-1，6-10，7-4：多特·库尔曼（Dörte Kuhlmann）摄影与绘制

图5-10，7-1，7-2，7-5，7-6，7-7，7-9：玛塔·内奇（Marta Neic）重绘

图1-11，1-12，1-17，1-18，2-1，3-8，4-2，5-5，5-6，5-9，7-19，7-20：亚历山大·森佩尔（Alexander Semper）重绘

图1-13，1-15，1-16，2-3，2-6，2-11，2-12，4-5，4-6，4-7，4-9，4-10，4-11，5-4，5-10，7-10，7-11：克里斯蒂娜·西美尔（Christina Simmel）绘制与重绘

图1-2，1-3，1-4，1-6，1-7，1-8，1-9，2-4，2-5，2-7，2-8，2-9，2-10，2-13，2-14，2-17，3-2，3-4，3-5，3-6，3-7，3-9，3-10，3-11，3-12，4-1，4-3，4-4，4-8，5-7，6-4，6-5，7-8，7-14，7-17，7-18：维也纳工业大学，建筑科学图像档案所（Bilderarchiv Institut für Architekturwissenschaften, TU Wien）

作者简介

卡里·乔马卡（Kari Jormakka）：1959—2013年，教授、工学硕士、哲学博士，曾任教于维也纳工业大学建筑理论系

奥利弗·舒勒（Oliver Schürer）：作家、策展人、编辑、高级研究员，任教于维也纳工业大学建筑理论系

多特·库尔曼（Dörte Kuhlmann）：副教授、工学硕士、工学博士，任教于维也纳工业大学建筑理论系

学术助理

加雷斯·格里菲斯（Gareth Griffiths），马奇（March.），丽兹·泰可（Liz. Tech.）：编辑，任职于芬兰奥塔涅米理工大学（Otaniemi University of Technology）

亚历山大·森佩尔（Alexander Semper）：工学硕士、学生助理，就学于维也纳工业大学建筑理论系

图表绘制

克劳迪娅·基斯（Claudia Kees）

斯蒂芬·阿贝舒博（Stefan Arbeithuber）

编辑助理

克里斯蒂娜·西美尔（Christina Simmel）：学生助理，就学于维也纳工业大学建筑理论系

玛塔·内奇（Marta Neic）：学生助理，就学于维也纳工业大学建筑理论系

参考文献

[1] Christopher Alexander: *A Pattern Language: Towns, Building, Construction*, Oxford University Press, New York 1977.

[2] Peter Eisenman: *Diagram Diaries*, Thames & Hudson, London 1999.

[3] Foreign Office Architects: *The Yokohama Project*, Actar, Barcelona 2002.

[4] Jacqueline Gargus: *Ideas of Order*, Kendall-Hunt, Dubuque, Iowa 1994.

[5] Douglas E. Graf: *Diagrams*, in: Perspecta Vol. 22, 1986, pp. 42—71.

[6] Bill Hillier, Julienne Hanson: *The Social Logic of Space*, Cambridge University Press, Cambridge 1988.

[7] Greg Lynn: *Animate Form*, Princeton Architectural Press, New York 1999.

[8] William John Mitchell: *The Logic of Architecture: Design, Computation, and Cognition*, MIT Press, Cambridge, Mass. 1990.

[9] Elizabeth Martin: *Architecture as a Translation of Music*, Princeton

Architectural Press, New York 1996.

[10] Mark Morris: *Automatic Architecture, Design from the Fourth Dimension*, University of North Carolina – College of Architecture, Charlotte 2006.

[11] Colin Rowe: *The Mathematics of the Ideal Villa and Other Essays*, MIT Press, Cambridge, Mass. 1988.

[12] Robert Venturi: *Mother's House. The Evolution of Vanna Venturi's House in Chestnut Hill*, Rizzoli, New York 1992.